美齡
幸福便當

BENTO
WITH LOVE

電視原創 ViuTV

作者 陳美齡

序
一

「十四個香港家庭，十四盒美味便當，
帶出十四種親子關係。」

最初構思節目，源於看到身邊的在職媽媽朋友，無論工作多
繁忙，都堅持每朝六時起床，為孩子預備帶回學校的午餐，
日日不同款式。就是這一個起點，帶著我們製作團隊開始發
掘美味便當的故事。

單純說「便當」是不夠的，我們希望觀眾透過節目，看到不
同家庭的教育方式，從中得到啟發。於是我們找來身為教育
博士的陳美齡小姐，用她的角度和經驗，跟媽媽／爸爸們分
享教養孩童的心得。

在三個月的拍攝期間，我們走遍香港，踏進十多個家庭，看
到父母與子女們的相處，可能當中有問題、有矛盾，但亦有
令人動容的時光。製作這個節目，從第一次家訪到正式拍
攝，團隊經歷深刻，由原以為家庭全是父母無言的付出，到

發現子女對父母的愛，明白到其實親子關係是雙向的；特別是美齡聯同子女為父母製造的驚喜，感動到在場的人也有點點淚光。

現在呈現給觀眾的十四個家庭，可以說是香港家庭的縮影，他們的親子關係，可能大家在當中會找到自己的身影。希望家長們透過《美齡幸福便當》得到啟發。

黎明寶
ViuTV 電視節目《美齡幸福便當》監製

序二

「我們希望透過便當看看家庭的狀況，
了解香港家庭教育的現狀。」

ViuTV 的製作團隊跟我說。我覺得這個意見非常好。因為要做一個教育節目，需要有一個焦點。他們選擇以「便當」為焦點，是非常聰明的，而且應該可以發掘到很多意外的內容。

通過這個節目，我與另一位主持黃奕晨接觸到了十四個家庭。說實話，開始拍的時候，我不知道應該期待些甚麼，但當我接觸每一個家庭的時候，我發覺自己越來越投入。每一個家庭都有他們的問題，也有他們的感人故事。

拍完節目後，我得到很多珍貴的緣份和體驗，感受到每一個家庭的歡樂和辛酸，令我的人生更加豐富。有些媽媽繼續和我聯絡，告訴我她們的近況，我覺得我交到了很多新朋友，以後能夠互相支持和鼓勵。

在這本書裡，我們將與您分享每一個家庭的故事，一定會打動您的心。我衷心感謝這十四個家庭的家長打開家門，歡迎我們進入他們的私人世界，讓我們認識和理解他們的人生宗旨及育兒方式，令我得益良多。

書中還介紹了我教小朋友做的驚喜便當，每一個菜式都是我問了小朋友，參考他們家長喜好的食物而設計的。我和小朋友瞞著家長，一起準備便當，最後邀家長來享用，給他們一個意外驚喜。希望您喜歡，更希望您會做給家人和朋友分享。

閒話休提，歡迎大家光臨「美齡幸福便當」的溫馨天地！

陳美齡

目錄

奴才媽媽
皇帝女

● ●

Akane 的愛打動了 Tobey 的心。

她為女兒創造了一個只有兩母女才能明白的二人世界：Tobey 是皇上，媽媽是奴才。

玩這個遊戲，令到 Tobey 明白媽媽會用所有的方法來表示歉意，也會用無限量的愛來照顧自己。

● ●

——美齡

Akane

&

Tobey

在今時今日的香港，每當我們討論起育兒問題，總會提及「怪獸家長」這字眼，但原來也有一種母子關係叫「奴才媽媽」與「皇帝女」，到底這種稱呼是不分尊卑的縱容，還是自不待言的親暱呢？

「奴才媽媽」Akane，與丈夫及女兒一家三口居於屯門屋邨，「皇帝女」Tobey 今年九歲，就讀小學三年級。由於兩夫婦之前均需工作的關係，Tobey 自小由公公婆婆照顧，直至幼稚園中班，Akane 才毅然辭工，全心全意陪伴女兒成長。

可能是 Akane 希望彌補沒有照料 Tobey 的四年光陰，因此對女兒可謂千依百順。每朝七點，她便會抱 Tobey 起床，為她擠牙膏、煲熱豆漿、替她背書包帶她上學。Akane 開玩笑地把 Tobey 叫做「皇帝女」，並教 Tobey 喚自己作「奴才」，她倆不時互相鬥嘴打罵，關係融洽。美齡甫一進入他們的家，便讚嘆家裡活像是 Tobey 的博物館，不但放滿 Tobey 的照片，甚至連她的舊襪子也鑲起了並掛於牆上，可以感到夫婦對 Tobey 的寵愛。

不會 Game over 的遊戲

美齡認為這個「皇帝女」與「奴才」的關係溫馨又獨特，是一種只有她倆才明白的默契遊戲。也許外人會以為 Tobey 對 Akane 沒有禮貌，但美齡卻覺得 Akane 其實比 Tobey 更樂在其中，Akane 聽後不禁大笑：「原來我才是罪魁禍首！」美齡補充：「這不是禍，這證明了你倆的關係親密，Tobey 在你面前可以完全放鬆自己，但父母在開玩笑的同時，記得要跟小朋友說清楚與父母的關係。」

現今有很多年輕家長，認為育兒時要與子女成為好朋友，不過美齡對此做法有另一觀點：「朋友可以選擇，但家長卻是一輩子的責任，要令子女知道父母永遠是他們的後盾，並總希望給予他們最大的保護。不然當他們遇上困難時，便會迷惘以甚麼身份跟你討論了。而且有時候父母為了子女好，也必須作出一些子女不喜歡的決定，那到時身份便會變得尷尬。故此家長需令小朋友知道自己與父母的地位有高有低，好讓教導他們時保留威嚴。」當然，Akane 也明白這種關係只是一種遊戲或溝通方式，她的回答令人動容：「我相信我與 Tobey 是一場不會 Game over 的遊戲。」

雖然 Tobey 也很享受這種玩樂的相處模式，但其實她暗地裡也對 Akane 充滿著愛。當問及 Akane 記得 Tobey 為她做過甚麼最甜蜜的

事，Akane 馬上笑得合不攏嘴：「有次我幫小學開班教授如何製作公仔便當，回家後十分疲累，Tobey 馬上主動幫忙做家務，並開手機播放著我最愛的歌曲，讓我好好放鬆。夜晚時更把我心愛的玩偶放到床頭，說要陪我入睡，這已經甜蜜到不得了！」看來在 Akane 的悉心照料中，Tobey 也學懂了怎樣去付出。美齡笑稱兩母女像一面鏡，二人皆口是心非，嘴裡倔強，內心溫柔。

便當，修補關係的卡通膠布

在 Akane 眼中，全職媽媽是一場「孤獨的奮鬥」。在上述的美好故事出現之前，原來兩母女的關係一開始並非如此融洽。Akane 說起往事，聲音哽咽：「初初剛把 Tobey 接回家時，她很討厭我，不肯跟我睡，更常說不要我這個媽媽，要回婆婆的家⋯⋯我當時真的傷心欲絕，心痛得流下眼淚，明明我才是你的親生母親，為何你要這樣說？」

Akane 決心改善母女關係，全心全意爭取 Tobey 的信賴。每天在家中，母女二人獨處，Akane 形容像「困獸鬥」。沒有人可以迫使 Tobey 認同這個母親，但 Akane 仍用盡自己的智慧和愛心去面對女兒。曾經有 Akane 的舊同事跟她開玩笑：「你怎能當起全職媽媽，你平時工作太強悍了，我看你很快便會回來！」可能正正因為這份強悍，加上對女兒的感情，Akane 還是硬著頭皮堅持下去：「其實當起全職媽媽，最重要的不是改變女兒，而是改變自己。」Akane 用了一年多的時間學習如何成為全職媽媽，直到 Tobey 升上小學，她最終憑著一個公仔便當來結束這場「孤獨的奮鬥」。

「我起初製作公仔便當的原因，是因為 Tobey 的偏食問題，由於公公婆婆對她過於溺愛，導致 Tobey 不吃正餐，也不愛吃肉，有時甚至只以豉油撈飯。故此我便開始製作公仔便當，吸引她吃飯。」美齡一打開便當，便馬上見到兩個可愛的「鬆弛熊」飯糰，旁邊再放上一份肉和水果。整個便當既精緻又健康，一看便知當中花了不少心機，可見 Tobey 的便當裡除了盛載著飯菜之外，最重要的是還盛載了一份滿滿的溫暖。

自 Tobey 小學一年級起，Akane 開始製作簡單的公仔便當，漸漸地 Tobey 的偏食問題得到改善，而 Akane 也將便當做得愈來愈精美。Tobey 慢慢感受到媽媽的心思，一步一步放開懷抱，每天皆雀躍地期待便當中的公仔圖案，逐少拉近距離，以便當修補了遺失的親情。

Tobey 最喜愛的餸菜是甘筍炒豚肉片，兩母女更為這道菜改了一個秘密稱號：「有次我們一邊吃飯一邊背誦乘數表，當時正背到『六六三十六』，說著說著便說了『肉肉三十肉』，自此我們就這樣叫這道菜了！」Akane 再次展露出幸福的笑容。美齡認為父母與子女之間有一些秘密暗語是好事，會令子女對家庭更有歸屬感，令一家人的關係更親密。

「老實說，製作公仔便當十分累人，全職媽媽是沒有病假，沒有年假，沒有勞工保險的，有時即使生病了也要繼續工作，但只要每天她回家後，我看到便當裡吃得一顆米也不剩，就已經心滿意足了。」很多子女會以為食剩食物是小事，只因為太飽或不合口味，但原來對父母來說卻是大事。當他們看見剩飯，便會馬上擔心子女是否生病了？是否被罰留堂？還是對自己發脾氣呢？故此，一個空空如也的便當盒，代表著子女今天過得安好，也等如給了父母一個安心的答案。

便當除了是幫助兩母女修補關係的卡通膠布，還是一道令人會心微笑的溝通橋樑。Akane 就曾經試過用便當作弄女兒：「有晚 Tobey 把我觸怒了，於是我翌日製作便當時，便把餸菜藏底，用白飯鋪面完全遮蓋，並以紫菜剪上『無餸』二字，結果她一打開便

當，便把她嚇個半死！」美齡聽後哭笑不得，但這件事在 Akane
與 Tobey 心中，應是二人將來珍貴的便當回憶吧。

「她每天過得開心快樂，便是我最大的願望。」

當問及 Akane 如何形容 Tobey 的性格，她說：「她是個樂天的人，
有時我會擔心落雨未收衫，她卻答：『不用怕啦，吸引力法則嘛，
只要你相信不會下雨，天就不會下雨！』我也不知道她是從哪裡學
到，但我本身是個悲觀的人，所以我也要跟她學習。」

其實 Akane 從她的育兒經驗中學到的，遠遠不止樂觀：「我認為養
育小朋友，學到最多的是耐性，要是沒有耐性，很容易便會以體
罰解決問題，但體罰是沒有作用的，你只會令小朋友怕你，但不會
服你，我從小也是被母親打大，我不希望重蹈覆轍。」

當問到 Akane 對 Tobey 的期望時，她忽然收起笑容，一臉正經：
「上年我父親患癌，我每天陪伴他進出醫院檢查，他住院後我也
獨力照顧他，他臨終時也是我在他身旁……加上每天看到很多令
人悲哀的新聞，身邊的朋友又可能突然會離開……所以我希望
Tobey 每天過得開心快樂，把每一天當成最後一天去活，不帶遺憾
走，便是我最大的願望。」

普遍的父母都希望子女擁抱未來，Akane 卻只想 Tobey 珍惜現在。
正如美齡所說，Akane 與 Tobey 像一面鏡，是互相影響，而又互相
發掘的。願這對「皇帝女」和「奴才媽媽」永遠幸福快樂！

奴才媽媽皇帝女

美齡心聲

從 Akane 和 Tobey 的母女關係，我們可以看到，不是生了孩子就是媽媽，做一個真正的媽媽，是由照顧和養育孩子開始的。為了重新建立母女關係，Akane 作了很大的努力，她放棄了工作，全心全力去和 Tobey 溝通，希望 Tobey 能原諒媽媽，彌補自 Tobey 出生後不能一起度過的四年空白時間。

對四歲時的 Tobey 來説，要她離開和公公婆婆建築起來的「舒適區」，重新接觸另外一個保護人，不單會帶來巨大的不安，而且是很不舒服的。我相信 Tobey 當初不但抗拒媽媽，更渴望能回到外婆的身邊。她會覺得：當初為甚麼媽媽遺棄我？現在為甚麼婆婆又遺棄我？是兩種失落的感覺。

幸好，Akane 的愛打動了 Tobey 的心。她為女兒創造了一個只有兩母女才能明白的二人世界：Tobey 是皇上，媽媽

是奴才。玩這個遊戲，令到 Tobey 明白媽媽會用所有的方法來表示歉意，也會用無限量的愛來照顧自己。

現在 Tobey 不但明白媽媽會全心全意去愛自己，而且她信賴媽媽每做一件事都是為自己著想的。Akane 成功爭取到 Tobey 的認同，成為一個真正的快樂媽媽。

當我觀察最近兩母女的關係，發覺 Tobey 對這個「皇帝女」的稱號開始覺得有點尷尬。Akane 可能會喜歡繼續玩這個遊戲，但 Tobey 已成長了。所以 Akane 需要和 Tobey 討論一下，尋找兩人都覺得舒適的新角色，否則遲早 Tobey 會不願意玩下去。她們的關係需要進入一個新的階段了。為了讓母女的遊戲沒有 Game Over，媽媽要隨著孩子的成長，轉變遊戲的方式。

看到 Akane 的成功故事，我鼓勵所有覺得和孩子有距離的父母，努力修復親子關係。只要孩子能感受到你的愛，親子關係是一定能夠修復的。我希望 Akane

和 Tobey 會珍惜能在一起的每一分鐘，永遠擁有只屬於她們的二人世界，也期待下一次見到她們的時候，她們扮演的新角色！

肉碎米粉釀青椒

材料

米粉	300 克
青椒	2 個
豬肉碎	100 克
鮮冬菇	2 個
紅蘿蔔	1 條
蝦米	30 克
葱	少許
麻油	2 茶匙
生粉	1/2 茶匙
鹽	1/2 茶匙
胡椒粉	1/4 茶匙
豉油	1 湯匙

做法

1. 米粉焓熟後瀝乾，剪短至適合青椒長度；
2. 先熱鑊，炒米粉備用；
3. 用麻油、胡椒粉、鹽、豉油、生粉醃好豬肉碎；紅蘿蔔、鮮冬菇切絲，乾蝦米切碎；
4. 炒熟豬肉碎，洗鑊後再炒蝦米，之後加入紅蘿蔔、鮮冬菇，再加入預先炒好的肉碎及米粉快炒；
5. 青椒切開去核，鑊中放水，再放入青椒，椒皮向上，落少許鹽後蓋上鑊蓋焓至通透；
6. 把米粉釀入青椒。

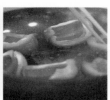

蝴蝶糖生果盤

材料

多色軟糖	12 粒
朱古力	20 克
蜜瓜	1/4 個
士多啤梨	10 粒

做法

1. 軟糖隔水坐熱,糖身變軟後,用匙羹按扁;
2. 用刀在方形每邊的中央切去小三角,成蝶翅狀;
3. 其他顏色軟糖切成長方形,放在蝶翅上形成蝶身;
4. 朱古力用熱水坐溶,沾在牙籤上畫花紋;
5. 完成蝴蝶形狀,用牙籤插在生果上。

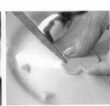

尋找
溝通的鑰匙

若果 Vian 能把注意力放在輔助他人、
學習新知識之上,她的可能性是無可限量的。
升上中學、進入青春期,
母親的愛一定能令 Vian 解開心結,打開心窗,
讓那可愛的笑容照亮人心。

——美齡

Edith

&

Vian

Vian 今年升中一，她小時候由工人照顧，但因她在幼稚園中班時發生的一件事，令媽媽 Edith 萌生起當上全職媽媽的念頭：「那時我收到學校有人投訴，指 Vian 於校內打人。我頓時晴天霹靂，我只有一個女兒，甚麼事也會放到很大。我很自責，擔心女兒變壞。」因此，Edith 便決定放棄事業，專心一意牽著女兒的手成長。可是，即使她辭職後每天跟女兒朝夕相對，也不代表女兒會馬上改變。自上述事件發生後，Vian 的情緒一直不穩，Edith 除了每天努力學習成為全職媽媽，也尋求了不同的協助。

「那時我們認識了一個畫班老師，專門處理一些情緒大的學生，但 Vian 上第一堂時就已經大發脾氣，把工具全都掃到地上，我忍不住上前叫她收拾，然而老師的處理方式使我動容，她只以肯定的語氣說：『她會的。』」Edith 於那一刻學懂，原來家長必須用正面的語氣面對小朋友，別老想著他們的不是，負面地認為他們不懂，而是要信任他們，讓他們自行處理問題。

漸漸地，Vian 的情緒轉得穩定，順利升上小一，而 Edith 也是於那時開始製作便當。由於 Edith 認為肉類會有安全問題，而素肉亦有大量添加劑，故此她每天均只以新鮮蔬果煮成全素便當。Edith 甚至於鬧市天台租了一個小型花圃，開設自家農場，讓自己陶冶性情之餘，亦為 Vian 提供愛心蔬菜，實行「自己便當自己種」。

當美齡問到 Vian 最愛媽媽甚麼時，她毫不猶疑便答：「便當！」即使 Edith 偶爾失手，Vian 也會把餸菜通通掃清光。Edith 甜笑著說：「每次見到她食光便當，便是我繼續做便當的動力！」

要與敵人做朋友

問到 Edith 如何形容女兒的性格，她說：「Vian 就是很有個性！她
對每樣事情都會先拒絕！」的而且確，當美齡希望帶 Vian 到書局
時，Vian 第一個反應也是：「不想去。」原來 Vian 現在的性格害
羞，緣於她三、四年級時發生的一段小插曲。Edith 憶述：「Vian
三年級時遇上一個嚴格的老師，喜愛用激將法，但並非個個小朋
友也接受到的，Vian 就是容易一沉不起的類型，曾經我們一起互
相哭訴了許多個夜晚⋯⋯」

除此以外，還有一件事令 Edith 感到氣憤。有一次，那老師表面讚

揚了 Vian，但原來只想利用 Vian 去貶低另一個同學，令 Vian 十分難過。Edith 不忿地説：「不要以為小朋友聽不懂，其實他們都分辨得出話中有話的，也會因此而感到不快，所以大人在小朋友面前説話時必須小心。」

Edith 不忍女兒傷心下去，忽然想通了一個大道理——「要與敵人做朋友」。她解釋：「要與敵人做朋友當然很難，但若不能改變現狀，不妨退後一步，學會放下，做不成朋友，至少也別讓仇恨放在心中。我當時內心也很矛盾，一方面不敢苟同老師的做法，但另一方面卻希望女兒建立良好的價值觀。如我自己也未能做到，我又怎能要求女兒做到呢？」

美齡認為當子女與老師出現矛盾時，必先與子女溝通：「先了解老師的做法，以大人的角度去分析老師的對錯。如問題嚴重，當然

要向校方反映，但若只是性格不合，也唯有向子女解釋，這個老師怎樣差都只會教你一年，在漫長的人生之中，一年只是很短的時間，若真的不能忍受，可以轉校。子女遇到與自己不合的人，也可以叫子女多想那個人的好處，那麼那個人的好處便會愈來愈多，而缺點也會變得愈來愈少。」

溝通是 Give and take

幸好，到 Vian 小學五、六年級的時候，她遇上一位好老師，使她拾回學習動力，也更懂得如何處理壓力，只是有點內向，不擅長面對陌生人。當 Vian 不肯去書局時，美齡花了一段時間跟她聊天，最終 Vian 才願意跟他們玩遊戲。但當一熟絡了，Vian 就馬上變得活潑健談。

美齡認為小朋友有自己的節奏，別只顧迫他們做大人想做的事，該先聆聽子女心聲：「溝通是 Give and take，首先父母要了解小朋友拒絕的原因，不是一句『不想去』就算。當你願意有耐性地與他們溝通，他們也會認為值得與你交流。當你們玩得高興，小朋友便會慢慢願意接受你的要求。」

美齡更建議 Edith 多帶 Vian 做義工，讓她習慣放下戒心，發揮到自己的價值，便能散發光芒。Edith 認為美齡所言甚是，更忽爾醒起之前每次帶 Vian 做義工，她都很受歡迎。而新年前表弟妹到家中一起做蘿蔔糕，Vian 亦一樣充當大姐姐的角色，照顧幼小。或許正因她每次幫助別人時都忘卻自我，從而展露出成熟的一面。

Edith 道：「有次學校推薦她參加日本環保交流團，她不願意參加，原因是日本去過，便借意放棄不去。她總視機會如浮雲。」

美齡綜合了一整天的觀察總結：「Vian 是個自我意識高的孩子。」

Edith 表情有點尷尬：「好還是不好呢？」她的回應雖簡單，但其實滿懷關愛。美齡微笑：「有好有不好，好的是安全，如果有人叫 Vian 胡亂玩耍，她不會去。但不好的是，她會因此而失去很多機會與緣份。」

美齡續說：「自我意識高的小朋友，多數是因為小時候常被人比較，漸漸變得害怕失敗，介意別人目光，情願不做也不想被批評，而且也不肯跟一些容易被拒絕的人交朋友。但要令子女知道，失敗也是一種學習。而機會像一塊石頭，會愈滾愈大，若總停滯不前，人生便會少了許多福氣。」

除了帶 Vian 做義工外，美齡亦建議 Edith 多帶她離開舒適圈，接觸更多事物，為她打開更多門：「不是找到舒適的地方才去，而是要她自己幫自己找一個舒適的位置，慢慢學會到哪兒也可以做回自己。打開自己的心窗，接納和爭取別人給予的福氣，人生才會變得豐盛。」

最後美齡補充，由於 Vian 臨近青春期，將容易受朋輩影響，Edith 不妨為她慎重挑選朋友，更可讓她結識一些大人朋友：「或許小朋友會在媽媽身上看到一些優點，但未必想跟著你做。若找到一些她尊敬的對象，他們便會去模仿，從而變得有禮貌、儀態等等。到將來長大做事後，這些人際網絡也會對他們有好處的。但期間

記得不要過於干預，讓小朋友自己與大人相處交流。」

牽手．攜手．扶手

Edith 於 Vian 的升中講座裡，聽過某校校長的一席話，令她深刻難忘，並希望努力從中學習：「父母與子女的關係，從嬰兒至小學階段，是『牽手』，意即全心全意陪伴子女，照顧他們每日所需；到子女小學的時候，是『攜手』，即與子女並肩前行，共同面對一切困難；升中後，便變成『扶手』，應適當地給予子女自由，讓他們學習獨立，但當他們遇上挫折時，就扶助他們一把，為他們送上支持與鼓勵，使他們慢慢長大成人。」

「我今年特別珍惜做便當的時光，因怕 Vian 升中後不知還有沒有機會再做。」Edith 進入了「扶手」的階段之後，她寄望能與女兒維持知心朋友的關係。相信即使再沒有便當，Vian 也永遠不會忘記母親的味道。

美齡心聲

Vian 是「自我意識」比較高的孩子。她會擔心其他人怎麼看自己，也有點害羞。

自我意識有兩種。第一種是 Self conscious，這是一種比較極端的自我意識，時常覺得其他人在看著自己，有不舒服的感覺。他們會害怕人家的批評，逃避失敗，不想挑戰自己。

另外一種是 Self aware，這是知道自己和他人是不同的，從而能夠客觀地觀察自己。他們知道不需要和人比較，並不會覺得自大或自悲，能接受和理解自己。

Vian 是有點 Self conscious 的孩子，但問題不大。她的智慧很高，觀察力也很強，所以有點敏感。但只要她明白周圍的人是友善的、尊重她的、不會評估她、願意接受她的

意見，而且真心對她有興趣的話，她為了保護自己而築起的圍牆就會消失，安心地把真正的自己表達出來。

提高 Vian 的自信心，最直接的方法就是令她感受到有人需要她，讓她把注意力放在別人身上，忘掉自己。當天我們一起玩遊戲，當她看到我不知所措，向她求救時，她亦很積極的幫忙我，忘掉了自己。

若果 Vian 能把注意力放在輔助他人、學習新知識之上，她的可能性是無可限量的。她很愛她的媽媽，也渴望媽媽全面接受自己。升上中學、進入青春期，母親的愛一定能令 Vian 解開心結，打開心窗，讓那可愛的笑容照亮人心。

法式蔬菜凍批

材料

椰菜	10 片
不同顏色蘿蔔	各 1/2 條
粟米芯	3-4 條
蘆筍	3-4 條
秋葵	3-4 條
料理酒	1 湯匙
味醂	1 湯匙
豉油	1 茶匙
雞湯	300 毫升
魚膠粉	15 克
鹽	1 茶匙

做法

1. 雞湯、豉油、鹽、味醂、料理酒,最後加入已溶的魚膠粉攪勻,放涼待用;

2. 椰菜逐片分開後焓熟,各色蘿蔔、秋葵、粟米芯、蘆筍焓熟,而蘿蔔切成心形條狀;

3. 在長形模具底層鋪上保鮮紙,再鋪上一層沾了魚膠粉湯的椰菜,再把其餘蔬菜鋪滿模具,再倒滿魚膠粉湯;

4. 用留在外層的椰菜封頂按實,放進雪櫃雪一晚至凝固。

蛋包飯 &

豆漿布丁

尋找溝通的鑰匙

材料

雞蛋	2 顆
熱飯	2 碗
茄汁	2 湯匙
粟米	2 湯匙
洋葱	1/4 個
青椒	1 個
罐頭菠蘿	2 塊

做法

1. 粟米、洋葱、青椒切粒炒熟，加入熱飯，再加入切粒菠蘿和茄汁炒起備用；
2. 蛋白和蛋黃分開，先下蛋白落熱鑊，凝固後再倒入蛋黃漿，煎熟後包裹炒飯。

無糖豆漿	300 毫升
糖	70 克
雞蛋	1 隻

1. 打勻雞蛋，豆漿用低火煮熱，加入砂糖攪溶；
2. 加入蛋漿攪勻，隔渣兩次，然後倒入小杯；
3. 小杯放入大盤，加少許水在大盤底部。
4. 焗爐預熱 180 度，焗 45 分鐘至凝固。

單親
當自強

我相信 Irene 已經成功渡過育兒最大的難關，
現在可以全心全力去欣賞孩子們的優點。
兩兄弟也能感受到媽媽的緊張情緒，
所以十分愛惜媽媽，為了希望她高興，聽她的話。
小小年紀，十分體貼。

——美齡

Irene

&

巽巽 & 曉陽

今次故事的主角媽媽 Irene，是一個要照顧兩個有特殊需要的兒子的全職單親媽媽。Irene 的大兒子巽巽今年十歲，而小兒子曉陽則七歲。他們兩個均是有特殊需要的小朋友，巽巽患有過度活躍症兼亞氏保加症，而曉陽就有專注力失調症。相比之下，曉陽的情況比較容易處理，是於上堂或做功課時無法專注，經藥物治療後已得到改善。但巽巽由於過度活躍的關係，小時候已頑皮得難以控制，把所有玩具都丟走，把家中所有安全欄都爬過，經常出現危險場面。他也不懂理解別人，且無法表達自己的情緒，有時甚至會情緒失控。

當巽巽升上小學的時候，正是 Irene 與丈夫離婚的一年，加上搬屋，需適應新環境。在種種壓力之下，巽巽於晚上偷偷哭泣已屬等閒，他發起脾氣時會不斷嚎哭，打和咬 Irene，令 Irene 的手臂滿佈瘀青。他的行為亦變得偏執，例如會忽然在街上說累，便馬上蹲在垃圾筒旁睡覺，怎樣也拉不走。失控得最嚴重時，Irene 怕他傷害自己或別人，更試過帶他到急症室。

面對這樣的情況，Irene 卻沒有一絲抱怨：「當時我感到的是心痛，我知道他只是不懂如何表達自己的情緒，那我唯有在安全的環境下，由得他任性，不會與他硬碰。可能街上的途人都會歧視他，或認為他無家教，但我亦只可調整自己的心態，我自己最清楚他的本質不壞。」

Irene 說：「雖然我的孩子有些少問題，但我覺得這不是羞恥的事，我只希望可以幫助他，我每向多一個人分享，便可能會得到更多有用的資訊，有時更會聽到一些意想不到的好意見，當然我也不會『周街唱』啦！」

難過的三星期

Irene 已經為巽巽注入無限量的關愛與耐性，然而巽巽的情況仍未有改善。最終在醫生和社工的建議下，Irene 作出了一個沉重的決定：「醫生想送巽巽入院治療三星期，當時我自己也非常掙扎，但大家再無任何辦法。巽巽入院時哭得很慘，我唯有向他解釋，媽媽不是懲罰你，而是我已經不知道可怎樣再幫你。」

Irene 憶起這段往事:「為了證明自己不是丟棄他,我向他承諾,每次探訪時間也會前去,亦為他每天送功課和便當,讓他安心。另外加上要照顧弟弟,那三個星期的確十分辛苦。但當時我又覺得,如果我身為他的母親也不支持他,我相信世上再沒有人會這樣為他無私奉獻。」

幸好上天並沒有辜負 Irene 的用心,巽巽入院治療後情況好轉。以往由於過度活躍症,巽巽無法聽從指令,導致老師都覺得他是壞學生。但現在巽巽於藥物控制病情下,已經懂得冷靜,學會守規,跟普通的小學生無異。老師也指若不是看過巽巽的檔案,根本不知道原來他有過這樣的經歷。

兩個幸福的家

當初 Irene 與丈夫離婚,是因為如何管教孩子的理念有分歧,一些小事如兒子使用智能電話,都會與丈夫發生爭執,尤其是有關大兒子的問題,更是意見不合。Irene 認為經常「家嘈屋閉」的環境會影響兒子們的成長,那倒不如分開。

當時 Irene 用一本故事書《兩個幸福的家》,去向兒子們解釋離婚:「故事裡有一個羊爸爸與羊媽媽,雖然他們分開了,但不等於孩子會失去父母,只是多了一個家。放假時同樣可以去找爸爸,即使是兩個家也可以得到幸福,這樣他們便理解了。」

美齡認為,離婚家庭中的小孩,未必一定會出現負面影響,最重

要的是要與前伴侶保持友好:「要與小朋友解釋,即使大人的感情不能白頭到老,但孩子也可以放膽去愛,可以信任別人。父母們都不後悔有過這段感情,因為這段感情把你們帶來了世上。」

作為單親媽媽,Irene 當然也承受著極大壓力。若兩個兒子學壞了,好像全部責任都會歸她身上。孩子們吵架時,Irene 試過這樣處理:「如果哥哥投訴弟弟,我便會對他說,那你想弟弟改好,還是想媽媽罵他?」然後巽巽便會選擇前者,並回答:「那我給弟弟多一次機會!」

美齡有以下見解:「遇上這種情況,應兩個小孩一同管教,不要有高低之分,要不然哥哥便會有較大的責任和壓力。故父母不妨只擔當中間人,大家一起討論,一起解決問題會較好。」

另一個常見問題,就是早上子女總不願起床上學,又該如何處

理？美齡以自身經驗作答：「以前一向也是我和丈夫叫醒兒子的，但有次我與丈夫也睡晚了，令兒子上學遲到，更責怪我們。於是我丈夫馬上說，是你上學，不是我們，以後就由你叫醒我們，不然以後別上學了。」從此美齡的兒子便每天都比他們早起，再沒有遲到過。「當他們明白上學是自己的責任時，就不會太依賴父母。」

第三個問題，如果兩個兒子的口味不同，怎麼辦呢？Irene 有時寧願辛苦自己，煮兩個早餐和便當給他們。不過美齡認為不需要，「一起吃同樣飯餸時，可以學習互相遷就，例如把最後一隻雞翼讓給對方之類。互相了解對方喜愛甚麼，這也是重要的教育。」

單親的安全網

Irene 覺得單親媽媽最大的困難是疲倦，每朝六點起床煮早餐，忙碌一整天後，又要做家務至凌晨十二點才可睡覺。而她對兒子的要求嚴格，每天訂下的時間表必須遵守，故當兒子們週末到爸爸家居住時，便會覺得爸爸很自由，自己就扮演了「醜人」的角色。

美齡建議單親媽媽需要建立一個安全網，有隨時可致電傾訴的朋友，抒發壓力。如果自己生病了，也可馬上找到幫手照顧兒子。Irene 微笑，表示自己也有一些家長群組，互相分享育兒的苦與樂，週末也會約朋友吃飯聊天，不愁寂寞。

Irene 自己本身熱愛做手作、畫畫等，會將這些興趣放到育兒上。她於一兩年前開始製作公仔便當。起初純粹因為巽巽服藥後食慾

下降，需想辦法吸引他進食，但其後同學們看到後紛紛羨慕不已，兒子們又感到自豪，於是便繼續做。

Irene 也常常以紙皮、膠樽等廢物循環再用，與兒子一起自製玩具，可促進親子交流之餘，亦教會他們珍惜。最近 Irene 希望考取有關畫畫的導師牌，欲成為兒子上進的榜樣，不讓自己只流於一個普通的「師奶」。

美齡認為 Irene 雖然年輕，但已經歷了很多：「Irene 做事的能力很高，故此也對自己有很高的要求。不妨放鬆點，不必過度緊張，事事追求完美，可給予兒子更多成長空間，也給予自己更多失敗空間。兒子們會喜歡一個散發光芒、能夠尊敬的母親。」

「多謝媽咪同我哋摘士多啤梨！」「多謝媽咪每朝好辛苦叫我哋起身！」「我哋以後唔再打交！」「希望下次三個可以一齊去旅行！」

巽巽與曉陽一句句對 Irene 的感激與承諾，令她感動流涕。二人在 Irene 的悉心照料下，除了病情轉好，茁壯成長外，也學懂了如何幫助和愛護媽媽。他們經常幫忙買菜，也試過用自己的零用錢送按摩坐墊給 Irene 作生日禮物。

美齡心聲

巽巽和曉陽是一對好兄弟，相親相愛，看來和普通的小朋友沒有分別。Irene 要時常跟別人解釋，他們是有特殊需要的學生，但這連孩子的爸爸和祖父母都不同意。所以 Irene 覺得很疲倦，選擇了離婚，和孩子建立單親家庭。雖然經濟上有爸爸的資助，但 Irene 精神上的負擔很大。

通過治療，兩兄弟的狀況很好。訪問過程中，哥哥因為不能如期去玩耍而哭了起來，有點失控，但也不太嚴重。當我們和兩兄弟去市場買菜時，看到哥哥不但有照顧弟弟的能力，與人相處的 EQ 也非常高，是一個有同理心、有思想的孩子，十分難得。雖然他有亞氏保加症，但應算是非常輕微的，不須過度擔心。而弟弟則是一個充滿活力和有主意的孩子，又有幽默感，風趣可人。兩兄弟在一起，絕無冷場。

我相信 Irene 已經成功渡過育兒最大的難關，現在可以全心全力去欣賞孩子們的優點。她最大的目標，可以從「醫好」孩子們，改為幫助他們發掘自己的潛力，鼓勵他們挑戰自己；更可以讓幫助孩子的醫療人士，了解孩子們的進展，調整對藥物的依賴。

Irene 是一個責任感非常重的媽媽，對兒子們的愛也特別重。兩兄弟也能感受到媽媽的緊張情緒，所以十分愛惜媽媽，為了希望她高興，聽她的話。小小年紀，十分體貼。

Irene 説自己被迫做「醜人」，因為爸爸週末只是和孩子們玩耍，而自己卻要負責管教。但其實孩子們不是那麼單純的，他們了解媽媽的勞苦，也在心裡感謝媽媽的。她現在應該放鬆一下，享受和孩子一起的時間，不要對自己和孩子要求過高，和孩子多做一些頑皮和有趣的事。

Irene 的努力已有成果，現在是讓孩子 love you back 的階段了。

芝士焗臘腸雞肉通心粉

材料

通心粉（細粒）	150 克
雞（雞胸／雞腿）	225 克
蘑菇	4 顆
臘腸	1 條
洋葱	1/4 個
白酒	50 毫升
牛奶	500 毫升
鮮忌廉	100 毫升
牛油	4 湯匙
麵粉	4 湯匙
芝士粉	2 茶匙
鹽	1/2 茶匙
生粉	1 茶匙
油	1 茶匙
胡椒粉	1/4 茶匙

做法

1. 通心粉煮熟，隔水備用；
2. 雞肉切粒，用鹽、生粉、胡椒粉、油醃好備用；
3. 蘑菇、洋葱切粒，炒香；
4. 用牛油炒香洋葱，加入麵粉、牛奶，煮至略凝固再加白酒和鹽；最後加入已炒香的蘑菇、雞肉、臘腸和鮮忌廉，再煮至更凝固；
5. 所有材料倒入小杯後，鋪上臘腸芝士裝飾。
6. 焗爐預熱 220 度，焗約 20 分鐘至表面金黃色即成。

朱古力班戟

材料

蛋	2 隻
砂糖	60 克
牛奶	160 毫升
低筋麵粉	200 克
發粉	10 克
牛油	20 克
油 （菜油／沙律油）	1 茶匙
朱古力	100 克
香蕉	1 條
藍莓	1 盒

做法

1. 蛋跟糖發至起泡，再加麵粉、發粉、牛奶、牛油攪勻至完全順滑；

2. 熱鑊後均勻塗油於鑊面，再離火落粉漿，煎至粉漿起泡，再反轉煎至兩面金黃色；

3. 隔水熱溶朱古力，鋪上班戟面，或按個人喜好用水果裝飾。

最強
全職父母

●●

瑤瑤離巢之日，

我可以想像得到張生的眼淚，

和張太靜靜地安慰丈夫的樣子。

瑤瑤，你一定能高飛，

用父母的愛做你的尾風吧！

●●

——美齡

張生 & 張太

瑤瑤

今次主角父母張生張太，為了女兒瑤瑤，不惜放棄事業，共同成為全職父母照顧女兒。張生張太均來自中國內地，張生是北京人，張太則是廣東人。二人於日本讀書時結識，婚後從事中日貿易生意。由於瑤瑤在香港出世，在內地讀書時會被視為外國人，所以夫婦於四年前便把女兒帶到香港生活。張生認為香港的教育國際化，方便接通外國的高等教育，而且著重禮貌、道德、規矩等教育，會對小朋友有好的規範。相反，內地的學校比香港更加注重成績，只講分數。另外，香港的學校很多有宗教信仰，張生認為宗教學校教出來的學生會較有道德底線。

「事業上的成功，永遠彌補不了教育上的失敗。」

問到二人為何甘願放棄事業照顧女兒，張生張太皆本著同一信念：「事業上的成功，永遠彌補不了教育上的失敗。」原來他們能作出如此大的犧牲，皆因自身的童年經歷。張生說：「小時候父母都是國家單位，不愁溫飽，但工作繁忙無暇陪我，星期日想去動物園也沒有機會，令我缺乏關懷，故現在想彌補。」

而張太也有差不多的過去：「我小時候父母也忙於生計，做甚麼也是自己一個的，覺得十分遺憾，所以不希望女兒也於這樣的環境成長。」張生補充：「我們珍惜與小朋友的時光，認為照顧小朋友比任何東西重要。由於我們在內地有物業，有穩定的租金收入，因此有時間培育女兒。到她長大後她便有自己的世界，不再跟我們玩了。」

除了成為全職父母，他們更仿傚孟母三遷，特意為遷就女兒上學而搬家。美齡一進入他們的家，便馬上被廳中一大座三角琴吸引，也看到放在櫃上多不勝數的獎盃，其中一個更是「全港青少年鋼琴公開賽」冠軍。張生謙虛地說：「最多也只是證明她努力過，沒甚麼大不了的。學校裡比她多獎盃的大有人在，瑤瑤只是很普通的女孩子。」

原來瑤瑤的彈琴天份極高，還未懂走路時已會彈琴。張生憶述：「有次我們一家回北京探親，祖母與她坐在鋼琴前彈彈玩玩，怎料她一學便懂。」張生發現她對彈琴有天份，回港後便立即替她找導師，最近也為她添置了三角琴來練習。幸好瑤瑤不負寄望，七

歲就考到五級鋼琴，獲獎無數。

然而，其實張生一開始讓瑤瑤參加比賽，並非抱著要奪獎的心態：「她第一次比賽，是希望讓她知道天外有天，人外有人。認清自己的層次，贏輸都要知道原因。輸了別太沮喪，贏了也別得意忘形。」張生總是以非常謙虛的態度回答。

無心插柳柳成蔭

香港家長常說「贏在起跑線」，張生也聽過此話，但她對瑤瑤的期望卻跟大部分香港家長不同：「不須很出色，不須科科一百分，只要求有禮貌、守規則、尊重人，健康快樂，之後才數到成績，但讀書成績好，也不代表將來會成功。」他說自己的育兒宗旨是「無心插柳柳成蔭」，不會強迫女兒上興趣班。但香港的競爭大，只要

女兒想學，他都會支持。果然，彈琴除了令瑤瑤意外奪獎，也無意中協助她入讀心儀小學。張生說：「當初小一派位時，差點派去了屯門最差的學校，後來叩門找小學時才知原來課外活動會加分，幸好最終也能如願入讀。」

張生慶幸現在這間小學著重學校、學生、家長互相溝通，亦會培養學生天份，不只要求成績好，使學生們不覺得上學是苦差。張太讚揚學校：「以往瑤瑤遇到困難，會不懂處理情緒，發脾氣嚷著要我幫助。但自從她上小學後，解決問題與抗逆的能力提高了，現在遇上困難，會自己慢慢細心嘗試，所以她也沒甚麼需要擔心。」

原來瑤瑤的學校，一直實行源自美國的「正向教育法」，認為只要有美好的心理，人生自然會美好。最近學校透過遊戲，培養學生的正向人際關係。美齡表示支持：「遊戲除了可混入知識學習，也培養到例如禮貌、守規、忍耐等。而讓小朋友在無意中學習，才能學到最多。但要注意，須選擇一些大人與小朋友具有同樣競爭力的遊戲，不要過於遷就小朋友，藉此教他們平等，他們也會覺得是挑戰而特別興奮。」

把健康與快樂放第一位

平時張生張太皆會為瑤瑤做便當，但瑤瑤一般較愛吃爸爸煮的，

張太寬容笑說:「因為爸爸是北方人,我是南方人,所以他煮的味道會較濃烈,而我的則較清淡,較注重健康。」訪問當日,張生準備了咕嚕肉便當,美齡吃過後大讚有酒樓水準。

確保營養均衡是他們的首要目標,但有時張生也會將便當做得精緻,例如將蔬果剪成各種形態吸引瑤瑤,避免她偏食,「把便當做成較藝術的樣子,讓她看得開心,吃得高興。」別看張生一副敦厚老實的外表,其用心可謂鐵漢柔情。

每天當張生張太送完瑤瑤上學後,他們便會去行山、跑步或游水,因為他們認為有強健體魄才有精力照顧女兒。有時張生上網見到一些香港的美麗山脈,也會帶同母女一同前往。他認為香港的山脈之所以美麗,是有賴行山人士都會收執自己的垃圾,「美麗的環境要靠人去維持。」張生行山時會順道教導瑤瑤公德心。

「我星期六日都不會要求她上興趣班,因為星期一至五都在學習了,所以星期六日想她多看大自然,心情也會豁然開朗。」有時他們更會約瑤瑤的幼稚園同學和家長,一大班人去郊遊,大家吃吃喝喝,好不高興。張生張太來港定居初期,也是藉著這些活動,與香港家長交流,慢慢融入香港生活。放長假時,他們一家通常會到外地旅遊。瑤瑤雖只得七歲,但年紀輕輕的她已去過韓國、泰國、馬來西亞等地。

訪問時,瑤瑤帶美齡遊歷屯門,瑤瑤每看見一棟大廈,都會像新聞主播,把大廈和商店一一介紹,而且說話簡潔易明,頭腦靈

活。美齡讚嘆:「當我問她為何會懂這些,她竟說:『我吃飯的時候聽到隔籬桌説的!』證明她的觀察力、組織力、説話能力都強,而且她性格開朗健談,渾身散發光茫,甚至可在她身上感受到父母對她的愛。」

不要期望子女報恩

經過一整天的訪問後,美齡向張生張太讚揚瑤瑤聰明伶俐,張生的回覆一如以往:「她只是個很普通的孩子。」美齡微笑:「我從未見過有父母為了專心照顧女兒,會二人同時放棄事業,這並不普通。」張生腼腆地説:「每件事情都要作出犧牲,別只看一些成功人士的光環,其實他們背後都一定有犧牲的。」

張生的犧牲精神令美齡敬佩,不過她認為瑤瑤的教育尚有改善空間:「現在瑤瑤的生活極之幸福,因為她得到很多。要讓她經驗『缺少』,觀察她的反應,小朋友於缺少的情況下才能激發潛能。加上若將來朋友對她不好的話,她會大受打擊的,要讓她接受挫折,理解痛苦。」

「這是很難教的事,可以多給一些機會讓她自行選擇,父母不必每天陪伴。讓她自己訂立目標,她可以學習怎樣努力去爭取,也能學到承擔後果。另外亦可帶女兒去貧窮國家做義工,向她解釋當地經濟、政治環境等,小朋友雖小,但仍能理解到別人的困苦。」

除此之外,美齡認為張生張太也要教導瑤瑤,如何看待自己的富

足生活：「瑤瑤跟我説她常去旅行，或開盛大的生日會之類，要向她解釋這些不是普通人做到的事，不值得驕傲。告訴她一家人的相處才是最美好，是金錢買不到的。」

最後，美齡最擔心的竟是張生張太：「亞洲父母一般要求子女報恩，但你們可千萬別這樣想，雖然你們犧牲了那麼多，但報恩不是肯定的。小學的時候她未受別人影響，但中學後不同，她可能會想獨自出國讀書，或不肯再跟你們住。就算她將來事業有成，也未必有福同享，但你們也不必介懷，因為父母對子女是無償之愛。」

美齡「無償之愛」的提醒，或許真的對很多家長當頭棒喝，但張生的回答正正印證此話：「我們盡了自己的責任，不後悔。」一句話勝過千言萬語，世上最偉大的親情莫過於此。

美齡心聲

我最喜歡看張生望著瑤瑤時的樣子，眼睛充滿著愛和夢幻，臉上的肌肉放鬆，自自然然的笑起來；也好像有點害羞，就如見到夢中情人一樣。而張太則是慈愛的母親，溫柔的、理性的，支持丈夫，全心養育女兒。兩夫婦全職帶孩子，真的是十分罕見。

瑤瑤在父母的寵愛中成長，嬌俏可人，無論對人的態度和學習能力都特別優秀，一家令人十分羨慕。瑤瑤帶我們去逛商場，即使爸爸媽媽不在的時候，也是同樣有禮貌，守規矩，可見家教的成果。她會留心聽旁邊的大人說話，發表自己的意見，這表示她的聆聽能力高，表達力也強，張生張太值得為她驕傲。

面對這完美的家庭，我有兩點擔心的事。首先，父母為子女安排太美好的童年，是有些危險的，因為隨著子女的成長，必定會有不如意的事情發生。父母一定要讓孩子們體驗困難和失意，才能鍛鍊他們成為能屈能伸、堅強的人。否則當子女遇到挫折時，便會容易崩潰或不知所措。

另外一個擔心是有關父母的。當然，父母盡力育兒是不問回報的，但若子女長大後，選擇了一條父母完全不贊成的道路時，沒有心理準備的父母就會很失望。所以父母要有心理準備，不可要求子女一定順著父母鋪出來的軌道前進，也不可期待子女長大後孝順自己、照顧自己，否則獨生子女會有很大的壓力，尤其父母都是全職家長。但張生表示只想瑤瑤快樂，並無其他夢想，不會給女兒壓力。聽了之後，我也安心了。

瑤瑤離巢之日，我可以想像得到張生的眼淚，和張太靜靜地安慰丈夫的樣子。瑤瑤，你一定能高飛，用父母的愛做你的尾風吧！

栗子燜雞

⌇
材
料

炒栗子 / 天津栗子	20-25 粒
雞翼	8 隻
鹽	1/2 茶匙
豉油	1 湯匙
油	1 茶匙
胡椒粉	少許

⌇
做
法

1. 用鹽、豉油、胡椒粉、油醃好雞翼;

2. 雞翼放入煲中煎至兩面呈咖啡色,再放入
   10 粒栗子,加水至覆蓋雞翼面;

3. 細火燜至略乾再添水,放入其餘的栗子,
   煮至差不多乾水,再用煲中的油略炒雞翼
   至醬汁乾透。

廚房驚喜

芒果大蝦沙律

材料

芒果	1 個
大蝦	8 隻
蒜片	10 顆
三色椒	200 克
洋葱	50 克
鹽	1 茶匙
胡椒粉	1 茶匙
橙汁	1 杯
米醋	2 湯匙
橄欖油	1 茶匙
蛋黃醬	4 湯匙

做法

1. 蝦剝殼，背後切一刀，挑出蝦腸後開邊；
2. 熱鑊落油，炒蒜片，加入蝦肉煎熟，下鹽及胡椒粉調味；
3. 芒果去皮起肉，把三色椒、洋葱切條；
4. 橙汁加入米醋、橄欖油攪勻後，加入三色椒、洋葱拌勻，再加入芒果繼續攪拌；
5. 最後將蝦肉鋪面再加蛋黃醬即成。

上學
在家中

●●

冰冰選擇 Home school 澄澄一年，
讓她更有基礎才升讀小學，
這也可以說是放棄了提早入學的機會，
但兩夫婦相信，這一年的玩耍，
對澄澄人生會有無限的好處。

●●

——美齡

冰冰
&
澄澄

還給小朋友童年

今次主角媽媽冰冰,帶著六歲女兒澄澄,在家自主學習(home school),給澄澄玩耍空間。2017 年,澄澄幼稚園畢業,冰冰與丈夫去了不同小學參觀,但發覺都不太適合,於是開始思考教育是否只有一條路。她身邊都有朋友的子女在家自學,眼見他們的教育方式增強了小朋友的學習動機,使他們主動學習,便覺得這方法也未嘗不可。加上澄澄於年尾出世,年紀較小,有空間遲讀一年書。因此與丈夫商討後,她覺得不妨放慢學習速度,決定休學一年,待澄澄身心準備好才升小學。

冰冰本身從事兒童心理輔導、藝術教育工作，是這範疇的專家。
她平時會接觸到很多小朋友，發覺一般教育方式都缺乏培養人與
人的關連、同理心及對世界的好奇心：「現今電子科技發達，但人
際間卻冷漠了，我希望還給小朋友童年。以前我中學開始喜歡藝
術，常畫畫、做話劇，不過家人老師都反對。我發現原來自己喜
歡的事情，社會會認為無用。其實這對小朋友是傷害，令我自己
思考該如何育兒，我認為應給予空間小朋友探索，他們也可以認
清自己生命的重量。」

雖說是「在家自學」，但其實每天澄澄還是有充實的學習時間表。
為了加入音樂元素，澄澄每天起床後都會練習陶笛。而冰冰每天
亦會為她「上課」半小時，透過繪本、遊戲等方式學習中英數。
冰冰有一個重要的教育理念：「提升女兒學習興趣」。例如他們
一家早前去了沖繩旅行，冰冰便會以旅行見過的鐘乳石洞加入課

堂，用畫畫訓練其想像力，也順道學習文字。冰冰認為如配合生活經驗學習，可加深其印象及提高興趣。

注重體驗學習

他們每星期都會去圖書館，閱讀圖書，透過閱讀認字。例如冰冰會叫澄澄在書中找口字部的字，引發其學字的好奇心。澄澄也試過在茶餐廳內，見到貼在玻璃窗上的字，會發現內外看皆一樣，從而發掘出中文字對稱的有趣之處。

他們每星期都會去博物館，找出一些澄澄感興趣的題目後，便作延伸研究。冰冰認為只要為澄澄找一個目標、動機，她便會自動自覺去學習，「以吹陶笛為例，如對她說契媽來時可吹奏歌曲給她聽，那澄澄便有動機去做。」冰冰稱這種教法為「慢學」，重點訓練女兒對學習的好奇心、學習興趣，而非操練。不過「慢學」有時會被人誤解為懶惰，然而冰冰卻覺得每個小朋友都有自己的學習進程，學習快慢應因人而異的。

美齡認為，「在家自學」的難度高在家長本身要能自律，而且父母的思維要清晰，因只有他們能訂立標準。她指出，中英數等學術知識要有清晰目標，幫子女打好根基。因在家的學習方式雖然立體，但上學後會較平面，有良好基礎可讓她適應日後的改變，那她將來上學便無後顧之憂，可更享受上學的快樂，也不會認為這一年是白費。「慢學」不是慢玩，而是用自己的方法和速度教導她。

不過比起知識，冰冰更著重的是澄澄能否建立起人與人之間的關聯、同理心，因此冰冰非常注重生活體驗。在家時她會叫澄澄幫忙煮飯、做家務、種植，在外時則希望她能探索世界。冰冰說：「我們常會疑問，到底自己是生活還是生存？真正的生活，是有否感受環境、人與人之間的關係，人是最重要的元素，無論陌生或熟悉，都可了解別人，思考如何幫助人。」

「平時大埔會有人賣藝，有一些沒有手腳的人咬著筆畫畫，也有人唱歌、演奏樂器等，我們大人可能見慣見熟，沒有太大感覺，但原來這些對小朋友來說通通都是很新的體驗，我會叫她多發掘身邊，也可思考應否以金錢幫助這些人。」由於冰冰與丈夫共同在開放式辦公室工作，基本上每天下午冰冰都會帶同澄澄上班，

讓她與同層工作的大人交朋友。冰冰每星期都會讓自己的學生與她玩耍，星期日也會一起上教會，以保持澄澄與群體接觸。所以現在冰冰對陌生人毫不害羞，訪問當天她便獨自帶美齡回村屋的家，沿路介紹村內花花草草，也說夜裡可看到野豬及螢火蟲，活潑健談。

冰冰每星期都會帶澄澄到石硤尾街市做義工，於傍晚時分收集剩菜，再派發給有需要的長者。澄澄一開始當然也嫌骯髒而不想做，但當她見到原來一個小舉動都可以關心別人，令人開心，自己也漸漸感染到快樂。冰冰說：「做義工能觀察社會上不同階層的人，非日常生活或書本中能學到。學校的學習是操練性或知識性的，但六歲前應培養心靈穩定性、成長力量，六歲後才開發知識也未遲，但成長要素一旦錯失便追不回來。」

「成年人的世界很大，小朋友的世界很小」

澄澄今年不上學，身邊人都有質疑過冰冰，議論著：「會否其實澄澄也做到？催谷一下就追到進度！」冰冰反指：「我從不質疑澄澄的能力，但問題是為何要催谷？我也是主流教育長大的，小一開始便被迫進入補習班。我考完會考後就馬上將所有精讀書都丟到垃圾筒，甚麼知識也忘記了，因為當時只靠死背，完全無興趣學習。直到出來工作後才自己發掘興趣進修，我不想小朋友重蹈覆轍。」

「教育不單只有一條路，香港家長們常說沒有選擇，其實十分悲哀。我自己工作上接觸到許多壓力大的小朋友，他們背後均有著壓力大的父母。初小的壓力已很大，只會迫小朋友入死角。成年

人的世界很大，上班不快樂可以轉工，放工可以找方法放鬆、發洩。但小朋友的世界很小，只有父母、學校，如此路不通，便不懂走第二條。問題是父母不會幫忙找出路，那小朋友便死路一條。」

「即使大人也渴望有自由玩樂的時間，但小朋友卻很忙，無法自由玩耍、創作。小朋友無從宣洩，家長亦一樣，導致家庭張力大，不少情緒病也由此而來。現時很多情況也是家長想要，但並非小朋友需要的。今年我和澄澄增加了親子時光，改善了親子關係，大家互相了解對方需求，連我的困難她也會明白更多。」

然而「在家自學」當然亦有其問題與擔憂，例如澄澄見其他幼稚園同學都紛紛升上小一，她於九月時曾希望媽媽能為她買一套校服，讓她像上學一樣。幸最終得幼稚園校長協助解釋，澄澄才放下心願。冰冰說：「第三者的說話很重要，讓她肯定自己不是沒有學校收，而是玩完再讀。九月初期時與她朝夕相對，我自己也適應不了。她個性活潑，又沒有其他人跟她談話，所以只對我像機關槍般不斷說。當時大家都較易有情緒起伏，到十月時才找到互相合適的步伐。」

真正的挑戰尚未開始

澄澄未出世前，冰冰不太關注食物健康，但現在她會為澄澄的健康把關，出街吃飯時會小心選擇，一般不會給她吃零食，並向她解釋不同零食的壞處。冰冰也會每天做便當，盡量讓澄澄少吃添加劑。訪問當天，冰冰就示範了如何自製烏冬便當。

美齡經過一整天訪問，覺得澄澄比同齡的小朋友成熟，理解、溝通、聆聽能力都很強，「我擔心澄澄入讀小一後，會否覺得別人太『小朋友』，也不知別人如何看待她，要學習互相接受。有些人會為了遷就別人而降低自己水平，但這樣未必開心的，媽媽可嘗試幫她找好朋友，真正的挑戰其實小一才開始。」

「小一重回義務教育的制度，你和她的人生都會改變，發現自己不能控制的事很多，你會覺得衝擊。家長也要重新學習，一方面要保護小朋友，一方面又要讓他們發揮。你現在十分幸運，且具勇氣。但今年的成功與否，要到她小三時回望今年才能知道。」

問到冰冰現在最欣賞澄澄哪一點，她說：「她的性格樂天，懂得關心別人，會主動安慰別人。她也不怕陌生人，懂觀察人『眉頭眼額』。她本身頗情緒化，一秒開心下一秒傷心，但她會找方法掌控自己的情緒。」澄澄正在過著人生中非常寶貴的一年，是爸爸媽媽特別為她設計的一年，相信亦是他們一家人永遠不會忘記的快樂年。

美齡心聲

澄澄的笑聲像鈴聲，令人聯想到很多開心的事：聖誕老人的來臨、雪糕車的聲音，也像風鈴或小貓頸上的鈴鐺。她的笑容是毫無保留的，一點陰影也沒有，真的是從心底裡笑出來，一直笑到眼睛裡。沒有人能抗拒澄澄的喜悅，她好像是沒有魔棒的小仙女，把快樂的粉末散播給旁邊的人。

澄澄的媽媽是冰冰。冰冰是一個非常理性的媽媽，她為澄澄設計的教育計劃，不是衝動的，而是經過和丈夫商討，衡量各方面的長短處之後才決定的。冰冰選擇 Home school 澄澄一年，讓她更有基礎才升讀小學，這也可以說是放棄了提早入學的機會，但兩夫婦相信，這一年的玩耍，對澄澄人生會有無限的好處。

冰冰除了給澄澄自由玩耍的時間，在家裡也有教她，和帶她做義工，讓她從體驗中吸收知識。冰冰的計劃非常細心和有見解，我十分欽佩她。

對一家人來說，現在的時間是幸福的。但最大的難關，是澄澄回到義務教育制度之後。普通父母都知道，要小朋友在學校得到一個快樂的童年，並不容易。父母需要在家庭中，給孩子們很多精神上的支持。為了令澄澄這一朵在陽光中燦爛開放的小花，不在教室裡凋謝，冰冰要做的準備，真的很多。

因為澄澄是推遲一年才上學，所以她年紀會比其他小朋友大一點。而且澄澄這一年的「玩耍時間」，令她成為一個成熟、懂人意、有同理心的小孩子。這樣的小孩子，當進入團體生活的時候，可能會覺得其他小朋友和自己的成長程度有異，找不到知己，感覺失落；也可能為了適應環境，降低自己的智能。這兩種都是常見的反應，但都是負面的。

為了不讓這樣的事情發生，冰冰要給澄澄足夠的心理準備，否則我們可能聽不到那如鈴聲一般的笑聲。

芫荽魚蛋拼盤

材料

芫荽	5 棵
鯪魚	1 條
馬蹄	5 粒
蓮藕	1/2 條
咖喱粉	1 湯匙
芝士	5 粒
鹽	1/2 茶匙
胡椒粉	1/2 茶匙
生粉	2 茶匙

做法

1. 魚肉起骨後過冰水，隔水撈起後切碎，再加入鹽、胡椒粉、生粉攪勻後醃一會；

2. 把魚肉做成六款魚蛋如下：

   A. 搓圓魚蛋黏上一片芫荽葉，熱水煮熟；

   B. 切碎芫荽跟魚肉搓在一起，熱水煮熟；

   C. 馬蹄切碎混入魚肉搓圓，落鑊炸至金黃色；

   D. 切一小塊芝士包入魚肉，落鑊炸至金黃色；

   E. 蓮藕切片，每片上鋪上魚肉，落鑊炸至金黃色；

   F. 把咖喱粉混入魚肉搓圓，落鑊炸至金黃色。

薑汁豚肉炒薑飯

材料

厚豬肉片	200 克
薑蓉	1 湯匙
熱飯	2 碗
鹽	1/2 茶匙
胡椒粉	1/2 茶匙
豉油	2 湯匙
生粉	1 茶匙

做法

1. 先把薑磨成蓉，用鹽、胡椒粉、油、豉油、生粉醃豬肉片；

2. 熱鑊落油，煎豬肉片至金黃色，再加入青椒炒起備用；

3. 熱鑊落油，炒香薑粒，再落熱飯炒香，加鹽調味；

4. 薑飯炒起後，鋪上豬肉片及青椒即成。

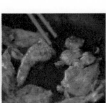

潮媽
唔易做

●●

Suki 對 Maya 的愛是健康的，正面的，寬容的。
Maya 也好像一片海綿一樣，把媽媽的愛吸收，
成長為一個充滿著陽光的、快樂的、燦爛的女孩，
這是 Suki 努力的結果。

●●

——美齡

Suki

&

Maya

壽司、北京填鴨、墨西哥薄餅、乾炒牛河⋯⋯你可能通通都在餐廳吃過，但你會在家自製嗎？又有否想過把這些放入女兒的便當？潮媽 Suki 三年來為女兒 Maya 做出四百多款便當，中西日式包羅萬有，堅持天天不同款式，保證色香味俱全。她說做便當的秘訣是：「Do it with love」。

Suki 是位在職媽媽，從事髮型設計，看她一身型格衣著與漂染髮型，便知她是名「潮媽」。她的丈夫是哥倫比亞人，所以女兒 Maya 是個混血的美人胚子。Suki 形容自己是個自由度大的媽媽，只要 Maya 想試，便會支持她去做。Suki 以此作育兒方針，全因她

來自一個極度傳統的家庭：「以前我家管教非常嚴格，父母高高在上，我沒有太大自由，出夜街也規定了十點便要回家。」

Suki 舊時的夢想是成為舞蹈員，但因爸爸的強烈反對下，最終唯有放棄：「小時候很多想做的事都沒有做，所以如果 Maya 有夢想，我會讓她自由發展。」美齡亦有相似經驗：「以前有位經理人到我家，希望簽我當歌手，怎料我爸爸竟拿出菜刀趕他走！但爸爸還是疼錫我的，他了解到我真的很熱愛唱歌後，最終願意在我保持學業成績的情況下出道。」

Maya's Lunchbox

以往 Maya 一直只吃學校訂的飯盒，Suki 於 2016 年才開始為 Maya 做便當。Suki 自己也不禁承認，之前沒做便當是因為不想早起，便作個藉口給 Maya：「訂學校飯盒，冬天有熱飯，夏天也不怕變壞嘛！」

但經過 2015 年的一次家長開放日後，Suki 下定決心以後都要為她做便當：「家長日完結後，我忍不住去望望 Maya 平時吃的飯盒，怎料一看之下，發現是一攤白色豬肉醬放在白飯上，看見食慾全失，於是我當晚便跟 Maya 說：『媽媽以後給你做便當吧！』」

Suki 做便當以「色香味」為宗旨，其中「色」排第一位，她解釋：「外表弄得不夠漂亮便提不起食慾，所以我最注重顏色配搭和擺設，只要美麗，小朋友便喜歡吃。」她堅持便當每天不同款式，

保持新鮮感，三年來從未重複。粥粉麵飯、各國佳餚，都一一被她做入便當，甚至連法國血鴨也做過。

Maya 不喜歡吃蔬菜，Suki 就會花一點心思，例如把菜混入肉丸內，那她便會不知不覺地吃了，輕易解決偏食問題。她每天都會將水果放入便當，除了令便當的顏色更繽紛，也令 Maya 吸收到更均衡的營養。Suki 已把製作便當變成興趣，每天均會記錄整個做便當的過程，並放上社交平台與網友分享，樂在其中。

訪問當日，Suki 就製作了北京填鴨便當供美齡試食，這道一般只在大酒樓才可嚐到的菜，竟能被 Suki 改良成便當版本，甚至連包著鴨片的薄餅也是由她一手搓成，其心思實在可嘉。不過，在四百多款便當中，令 Suki 最難忘的便當，居然是一個 Maya 不肯吃的便當：「那次我在炒麵上，用配料做了一個女孩的樣貌，結果Maya 竟說太恐怖不敢吃！」

問到 Suki 覺得怎樣才能做出一個好便當，她自豪地笑說：「Do it with love，吃的人會感受到的。我一向也是三分鐘熱度的人，料不到自己都堅持做了三年便當。女兒感受到我澎湃的愛，她也會更愛我的。」

Maya 當然感受得到，她說每天一打開便當，同學們都會蜂擁過去看看當天的款式，好不威風。Maya 形容媽媽是最好的朋友，甚麼事都會跟她分享，連暗戀男生也是第一個跟她說。

多交流，明白孩子的夢想

Suki 開玩笑地投訴，其實有時 Maya 比自己更似一個母親：「有時我跟朋友出街晚飯，Maya 總會問長問短，求我帶她一起去，要不然她每隔半小時便會『奪命追魂 Call』，說很想念我，哭著說要我回家。」雖然平時 Suki 外表冷酷，但只要一見到 Maya 便會馬上軟化，掩飾不了臉上的幸福笑容。

Suki 為了跟上 Maya 的步伐，更會與她一起追星看演唱會。平時他們會一起行山、做瑜伽，最近 Maya 成了 Suki 的魔鬼教練，說要幫她減肥。Maya 於年半前開始練習體操，非常喜歡。她於訪問當日在公園表演不同的體操動作，Suki 羨慕地說：「如果我擁有她的長腿便好了！」可見二人關係猶如同齡閨蜜，全無代溝。

每個人也發過明星夢，Maya 也不例外，曾經想當模特兒。Suki 因工作關係常接觸到娛樂圈，知道娛樂圈是個大染缸，但她亦沒有全力阻止，只是跟 Maya 解釋：「這條路不易走，不須太強求。」早前 Maya 也確曾得到一次當模特兒的經驗，發覺模特兒的工作不是想像中般輕鬆亮麗。

Maya 一向熱愛動物，現在希望成為一位獸醫。Suki 也陪她報名成為了狗義工，協助流浪狗。Maya 家中除了有養狗之外，還養了一

種無法想像的動物——老鼠！Maya 在把玩寵物鼠期間，美齡怕得不敢動彈，一直瑟縮在 Suki 旁，場面惹笑。Suki 指自己以前也非常怕老鼠，但 Maya 喜歡，也唯有克服恐懼。美齡對她深感佩服：「為了 Maya，Suki 連北京填鴨都可放進便當，連老鼠也不再懼怕。所以為了與小朋友親近，一個母親真的要克服很多挑戰！這份勇氣其實是小朋友給予我們的，令我們忘卻自己，將心力集中在子女身上，那便無所畏懼了。」

美齡自己也試過為兒子們克服不少恐懼，例如陪兒子進鬼屋等。她最記得一次，是當兒子尚是嬰兒時，一隻蟑螂飛向他，美齡為了保護兒子，下意識一手抓住蟑螂，把它握死，到她回過神來的時候才覺可怕！

「如果你出了甚麼事，最傷心的是我」

子女即將踏入青春期時，父母也會同樣感到迷惘，很多問題不知如何處理，例如如何進行性教育。Suki 對此卻毫不避忌，更早於

Maya 六、七歲的時候便教導她：「有次我駕車，前面的巴士尾有個安全套廣告，Maya 問我那是甚麼，我便如實作答了。現今教女不能隱瞞，愈隱瞞她愈想知、愈想去做，所以思想要開放，我對她坦白，希望她也會對我坦白。而且即使撒謊，她自己上網都會查到真相，但關係就會因謊言而遭到破壞，一去不返。」

「那時我對 Maya 說，你要答應我，無論你多喜歡男朋友也好，若他不肯使用安全套，你千萬別跟他發生關係。你出了甚麼事，最傷心的是我。」從 Suki 堅定的眼神中，看得出「傷在兒身，痛在娘心」正正就是這個意思。

對於青春期的教育，美齡還有一個小貼士：「家長可盡早教導小朋友荷爾蒙的作用，因為青春期時，身體會釋放大量荷爾蒙，令青少年控制不到情緒，常發脾氣。那時候家長便要向他們解釋，這不是別人的錯，不是媽媽的錯，不是你的錯，只是荷爾蒙的關係令你發怒，這樣他們便會明白。我也是這樣教我的兒子們的，所以當他們青春期情緒失控時，冷靜下來後，也會主動回來向我道歉呢。」

「放手」是育兒最難的步驟

Suki 常常自嘲，自己對 Maya 投放了那麼多感情，但很快 Maya 便會長大、交男朋友，自己的心靈便會很空虛。美齡回答：「養兒育女最難的就是學懂放手。我長子剛升上大學第一天時，我陪他到宿舍。然後我見到兒子架起了與爸爸一模一樣的姿勢與人交談，我彷彿從一個很親密的距離，忽然跳到一個很遠的距離，那時我便知道，他真的長大了，我也到了放手的時候。」

美齡補充：「由子女出世開始，戒奶、走路、上學等等，其實家長已經經歷了很多次『放手』，每次面對放手之前，只要盡力養育孩子，和孩子有充足交流的話，要放手時也不會太難過或擔心。而且孩子長大後，家長自己也應該繼續有自己的人生，這樣對父母或子女都更幸福。」

看來 Suki 已有心理準備讓 Maya 去創造自己的天空。「我會珍惜她在身邊的每一天。」

美齡心聲

Suki 和 Maya 是一對如「糖黐豆」的母女,她們互相愛護,互相尊重,享受在一起的時間。Suki 對 Maya 的愛是健康的,正面的,寬容的。Maya 也好像一片海綿一樣,把媽媽的愛吸收,成長為一個充滿著陽光的、快樂的、燦爛的女孩,這是 Suki 努力的結果。

愛孩子的方法各有不同,Suki 不停的為 Maya 改變自己,去做一個能和女兒溝通,好玩,受女兒尊重的媽媽。為 Maya 做便當,Suki 決定做沒有人做過的「每日一新」,款式從不重複,不但不覺得有壓力,反而把做便當變成興趣,在網上公開,我們也很佩服她。

當我和她一起坐車去接 Maya 放學時,兩母女在車上又唱又跳,猶如一對孿生姊妹。Suki 告訴我:「因為她喜歡,

所以我也練習了。」Maya 樂得不得了，
高興有人看到媽媽有幾 Cool。Suki 也喜
歡拍照，她拍 Maya 的照片簡直是藝術
作品，又有品味，又充滿著愛。

我和 Suki 的育兒很相似，因為我們都享
受到不得了！和孩子在一起的時候是最
開心的，為了孩子，甚麼都是值得的。
因為快樂到不能自制，所以每天都充滿
著感動。育兒不是責任，而是恩惠，孩
子是上天給父母最大的禮物。

我和 Suki 在天台談話時，大家都知道唯
一要面對的就是如何去「放手」，如何
準備讓孩子離開自己。兩人的眼裡都泛
起了淚光⋯⋯Suki 說：「我已有心理準
備，我希望 Maya 自由選擇未來。」

我的孩子都是男生，為了讓他們建築自
己的家庭，我會保持一定的距離。但
Maya 是女生，甚麼都可以一起做，她們
母女可能真的可以一生糖黐豆！

最後，Suki 一家正計劃移民去西班牙。
「我可以為西班牙的女士染頭髮，設計髮
型呀！」我已能想像母女兩人在西班牙
一望無際的向日葵原之間奔跑，當 Maya
回頭看媽媽時，Suki 立刻用相機拍下那
瞬間，哇，真美麗！

The world is more beautiful because of
you two. Keep it that way ladies!

咖喱春卷

∩ 材料

春卷皮	6 張
牛肉碎	200 克
洋葱	1/2 個
咖喱粉	1 湯匙
豉油	1 湯匙
鹽	1 茶匙
胡椒粉	1 茶匙
生粉	1/2 茶匙
橄欖油	2 茶匙

∩ 做法

1. 以豉油、鹽、胡椒粉、生粉、油醃牛肉；

2. 將洋葱切碎，炒香後加入牛肉及咖喱粉，炒熟後放涼，然後放入雪櫃冷卻；

3. 取出牛肉，用春卷皮包起，並以生粉水封口，勿過份包緊，應給予空間讓春卷在炸的過程中膨脹；

4. 以攝氏 180 度炸約三分鐘，撈起即成（不能太遲撈起，以防春卷顏色於離開熱油後繼續變深）。

西班牙奄列
記墨西哥莎莎醬

材料

奄列材料：

馬鈴薯	250 克
洋葱	1/2 個
蛋	3 隻

莎莎醬材料：

蘋果	1 個
洋葱	1 個
番茄	2 個
青椒	1/2 個
辣椒	2 條
芫荽	10 克
蘋果醋	30 毫升

做法

1. 將蘋果、洋葱、番茄、青椒、辣椒、芫荽切碎後加入蘋果醋，拌勻成莎莎醬備用；
2. 將馬鈴薯去皮切片，洋葱切絲，打蛋；
3. 於平底鑊下油，煎香馬鈴薯後加入洋葱，炒熟後加入蛋漿；
4. 奄列底煎熟後以一張碟蓋著，反起奄列並煎熟另一面即成。

他們的
起跑線

每一個社會都會有對制度有疑問的先鋒，

但只有一部分人有勇氣脫離制度，尋找新突破。

Iris 就是一個有這種膽量的媽媽。

她相信強迫孩子留在不適合自己的教育制度，

不是健全的做法。

——美齡

Iris
&
晴晴 & 朗朗

今次的主角媽媽 Iris 是位兼職註冊護士，也是一個半職母親。長
女晴晴九歲，幼子朗朗六歲，二人現在均就讀非主流的辦學團
體。這個辦學團體主張沒有牆壁，沒有校舍，沒有考試，沒有測
驗，帶領學生每日在不同社區體驗，或到野外歷奇，其間教導小
朋友知識，吸收生活經驗，培養其自信心及抗逆能力等。

Iris 說：「我不認同一開始就注定成功或失敗，自身經驗告訴我，
後天努力一樣可以改變人生，多姿多彩。對初生的生命懷有希
望，我認為才是真正的『贏在起跑線』。」

晴晴升讀小一時，仍在主流學校讀書，但那時的她壓力極大，對
自己要求頗高，常常做功課時忍不住哭起來。Iris 憶述：「晴晴平

時最喜歡畫畫，但老師竟不鼓勵她。天天見她放學失落的樣子，對學習失去興趣，我十分心痛。但她已算是乖巧成熟的孩子，我不知可以再如何幫助她。」

Iris 回想自己的小學生涯，通通都不是快樂回憶。每天被家人催谷成績，但跟上成績後卻得不到滿足感。到女兒升小一時，Iris 曾認真考慮其教育方向。幼稚園老師都說女兒催谷後可以再進步，但 Iris 認為如果催谷的代價是令她失去學習興趣，犧牲實在太大。Iris 批評香港的教育制度：「我不明白這個教育制度幹甚麼，總希望將自己的理念套到小朋友身上。主流學校只以分數去證明一個人的才能，但每個人天份不同，同一套規則是不公平的。學校應以人為本，以不同人的潛力去制定教材。」

Iris 其實希望可幫子女「在家自學」(Home school)，奈何一直欠缺信心。一年多前，在機緣巧合下，她於公園偶遇了這非主流辦學團體。當時她馬上向校長及在場家長了解其辦學理念，結果一拍即合。「我認同校長的理念，他希望推動政府與傳統學校作出改變，令小朋友愉快學習。只要他們有興趣，就自然會主動學習、學得更快。」Iris 說。

後來 Iris 帶晴晴和朗朗到農場試堂，令他們大開眼界，極之享受學習過程。於是 Iris 便為晴晴退學，踏上非主流的教育路。平時這辦學團體會帶小朋友遊山玩水，實踐自然學習，也會到社區進行體驗活動，同時保留一些學術知識課堂。有時家長亦可跟著子女一起遠足，Iris 笑稱：「其實這裡的家長比小朋友更貪玩！」最

深刻的一次經歷，是 Iris 與子女一起到城門水塘行石澗，當時她覺得路程崎嶇艱辛，但小朋友們卻都不顧一切、勇往直前，比大人更勇於克服困難。事後 Iris 見到他們雖疲累，但臉上皆掛著滿足的笑容。

又有一次，晴晴和朗朗跟著導師「流浪」五日，即五日內到不同地方過夜，包括有同學的家、導師的家、度假村，甚至機場。其間他們寄了一張以紙皮做的明信片給 Iris，上面寫著：「爸爸媽媽我哋跟學校去咗流浪呀，雖然辛苦，但好開心。」Iris 那刻便知女兒已不再懼怕艱辛，只要她認為是值得的事，便會享受整個過程。

最近該辦學團體正以真實事件進行學習，讓學生們為一個專門收養被遺棄狗隻的中心舉辦籌款活動。校長說學生經歷過後，能真正掌握知識，當中經驗亦有助他們銜接社會。Iris 認為晴晴自入讀以來轉變巨大，以往她怕事、害羞，去沙灘玩耍卻連沙都不敢碰。但經過一年多的訓練後，她已經脫胎轉換骨，勇於嘗試新事物，變得有責任感和自信。

不用懼怕改變

Iris 由全職護士轉為半職護士，由兩房一廳搬到一房一廳，女兒由讀主流學校變成非主流。一年多以來，一家人都經歷了天翻地覆的轉變。美齡深感佩服：「Iris 是有決斷能力的媽媽，只要她覺得對，而小朋友又覺得開心，她就會勇敢去做。」Iris 從容道：「我只期望他們可愉快地學習，健康、快樂比成績重要。其實這一年

是比以前開心的，由大屋變細屋不算是犧牲。我們相處多了，關係親密了，現在可一起起床一起睡覺，我十分感恩。」

然而，特立獨行當然會為 Iris 帶來一連串的質疑，其中家裡「四大長老」就最為反對，例如外公擔心朗朗會因此不識字。幸而，有次外公與朗朗一起看電視賽馬時，朗朗都唸得出大部分馬名，外公才放下心頭大石。「希望他們將來的品格能證明這個選擇沒錯。」Iris 說。

美齡問 Iris 對將來的計劃：「那晴晴將來升學有甚麼保障呢？會回到主流學校嗎？」Iris 回答：「晴晴愛畫畫，可能將來會讀創意書院。如有能力的話都希望供他們出國讀書，但回到香港主流教育的機會頗微。」Iris 坦言對子女的升學事宜還沒有確實計劃，同意他倆現在就似實驗品，但不會比以往差。這樣的成長環境與思維模式，能令他們的解難能力更強，而且品德比知識更重要。

「無牆教育」

訪問當日，美齡跟著晴晴和朗朗，體驗他們的「無牆教育」。他們

每日的上學時間為十點至四點，地點天天不同，小朋友需自行乘車前往。美齡不禁讚嘆：「晴晴朗朗真厲害，年紀小小已懂得自己坐火車周圍去，是對自立、自信很好的鍛煉。」

乘車時朗朗睡著了，倚在姊姊肩上，美齡問晴晴：「如果你也睡著的話，會不會怕過站了？」怎料，晴晴只堅定地說：「我不會睡的。」美齡覺得她十分成熟懂事，能負全責好好照顧弟弟，兩姊弟相親相愛，感情難得。看著睜著眼睛、忍著不睡的晴晴，美齡覺得有點心疼。

當日的上午活動是滾軸溜冰，一眾同學前往溜冰場時，校長沿路介紹不同樹木、雀鳥，紛紛引發出小朋友們的好奇心，東張西望地學習。他們在滾軸溜冰場玩至中午，便在溜冰場上席地而坐吃午餐。Iris 自子女入讀此團體後就開始做便當，以簡單、健康為

主，一般少肉多菜。她最注重顏色繽紛，希望吸引子女進食。當日
的粟米肉粒飯，就是晴晴和朗朗其中一款最愛的便當。

對於「無牆教育」，美齡認為：「沒有校舍可使學生懂得隨機應
變，準備好隨時學習，又不怕坐地下、被蚊咬、日曬雨淋，會覺
得大自然是好朋友等等，這些都是主流學校學不到的。」可是，
美齡亦留意到過程中，導師未免對學生過於自由：「在他們開始溜
冰前，同學們穿鞋子或聽導師指導時情況比較混亂，可能沒有傳
統學校那麼有紀律。」

下午時分，同學們進入一個屋苑的會所上生物課。辦學團體實行
混齡教育，將晴晴和朗朗放到同一課堂內，學同樣的課程。生物
課同樣注重真實體驗，每名學生均預備了一個水果，同學一邊切
開研究其種子，導師一邊講解果實的繁殖系統。

美齡對此混齡教育有以下意見：「有些活動如滾軸溜冰、自然教育
是可以混齡的。但小朋友的智能發展在兩三年間可以相差很遠，

故專門知識如生物課，混齡的方法對較年幼的學生就有點不利。剛才可看到，晴晴上課時明白知識，但朗朗則只顧切橙，不了解課程的內容，這對朗朗不公平。」美齡擔心，辦學團體有否確實的教育藍圖？到兩年後朗朗聽得懂時，又會否再有這個學習機會？她說：「家長要跟學校反映此情況，因為子女的教育問題是家長的責任。」

Iris 表示先前有問過校長，校長指混齡教育的好處，是可以學習大小互相照顧，有助人生發展，不只限於學習課本上的知識。Iris 補充，每堂課完結後，導師會就學生派發不同程度的工作紙，而導師亦會於家長群組重溫學習重點，故家長可幫子女溫習。可能朗朗因沒有讀過主流小學，故暫時吸收較慢，但晴晴有小一基礎，所以她平時會教朗朗看書、做工作紙，因此 Iris 亦不太擔心朗朗會跟不上進度。

自由學習必須有後備計劃

美齡也是快樂學習的提倡者，然而，為了保障晴晴和朗朗的未來，美齡建議：「傳統的教育體制，至少保證你有中學畢業，但現在他們的未來很模糊。而且辦學團體還算新，大家也不清楚可以維持多久。Iris 等家長們是以自己和孩子去『開山』，幫助後人。她必須有『Plan B』，要預先制定後備計劃，保障子女的未來。」

另外，美齡亦認為自由學習屬難度高的深度教育方式：「自由學習是很吸引，但教師必先要有高度紀律、知識、完善計劃，小朋

友才可享受有意義的自由學習。『自由』並非任意而行，而是先要明白自己，然後按照自己的意願行事，教育者要有明確的遠景和計劃，才可引導孩子學到人生必須的知識，如沒有自己就是亂來。小朋友成長得很快，『自由』影響深遠，子女的將來是家長的責任。要有確實計劃令子女學到各方面知識、經驗，從而找到夢想，實現夢想。」

最後，美齡表示支持非主流教育，因可給予家長更多選擇。但目前仍有漫漫長路，家長須與學校攜手創建。她總結：「Iris 把教育自主權拿回手，是非常勇敢的挑戰。不過，傳統教育是學校幫助家長，現在 Iris 則是家長幫助學校。教育有很多條路，但每個小朋友適合的路都不一樣，家長有責任多提意見，不能將全部責任給予校長，學校才能成長。希望非主流教育能成功！」

美齡心聲

每一個社會都會有對制度有疑問的先鋒，但只有一部分人有勇氣脫離制度，尋找新突破。Iris 就是一個有這種膽量的媽媽。

Iris 給我的印象是一個快樂的挑戰者。她相信強迫孩子留在不適合自己的教育制度，不是健全的做法。雖然未來不明確，她仍然決定把孩子送到沒有課室的自由學習班。這不但增加了經濟負擔，還加重了父母的責任，但 Iris 希望孩子們能在沒有壓力的環境下快樂學習。這一點，我覺得她已經達到目的，因為我看到晴晴和朗朗的確玩得很高興，也有很多好朋友。

學習班的校長是熱血老師，雖然沒有教學經驗，但和 Iris 一樣，覺得應有更好的教育方式，所以他帶動兒童和家長

用一套新方式來學習。因為學習班開始了不算長，最年長的學生還未到達考大學的年齡，所以大家也不知道如何使社會認同學生在自我學習中得到的知識。但無論家長也好，學生也好，都是滿面笑容、開心和快樂的。

學習班還在成長期，有很多改善空間，但當事人的誠意，能補償很多還未有想通的做法。我雖然是一個贊同自由學習的教育家，但同時也喜歡有計劃和謹慎，所以一方面我為這群勇敢的挑戰者高興，另一方面有些擔憂當孩子們成長到某一個年齡的時候，會碰到很多挫折。

所以我多次問 Iris 有沒有探討其他教育方式。如果現在的方式到了某一個階段，不再適合晴晴和朗朗時，有否心理準備去接受其他方式？如果有的話，如何準備幫孩子在任何方式之下也能適應？我這種想法並不是給 Iris 潑冷水，只是以一個家長和教育家的身份提出一些意見。

我們獨自帶晴晴和朗朗去玩耍，他們真

的是非常乖的孩子。不吵不鬧，兩姊弟好像有一點相依為命的感覺，令我們都很感動。學習班給予小朋友和 Iris 一個歸屬的地方，也可以說是一個安樂窩。一群人互相學習，尋找最好的方法培養孩子，可以說是一班「尋夢人」。他們的最大動力就是「希望」，從一個高壓的教育體制跳出來，創造自己的新天地。

希望他們這個新嘗試，能成功養育出一班有新思維和不受傳統控制的年輕人，那麼 Iris 現在付出的所有代價，就真的會得到回報了。

沙嗲焗春雞

材料

春雞	1 隻
沙嗲醬	100 克
鹽	2 湯匙
胡椒	2 茶匙
油	50 克
葱	6 條

做法

1. 將雞洗淨後抹乾，令雞皮在烤焗後更脆；
2. 以鹽、胡椒及沙嗲均勻塗抹在雞的內外；
3. 將葱段放入雞身中，縫口，再將雞皮抹上菜油；
4. 焗爐預熱 180 度，焗 50-55 分鐘即成。

咖喱炒飯

材料

免治豬肉	50 克
粟米	30 克
青椒	30 克
紅蘿蔔	30 克
提子乾	20 克
咖喱粉	1 茶匙
雲吞皮	80 克
Mango chutney（印度芒果甜酸醬）	30 克
白飯	1 碗
鹽	1/4 茶匙
胡椒粉	1/4 茶匙
豉油	1/4 茶匙
生粉	少許
油	1/4 茶匙

做法

1. 以鹽、胡椒粉、豉油、生粉、油醃豬肉，炒香備用；

2. 切出粟米粒，將青椒及紅蘿蔔切粒，至粟米粒大小；

3. 提子乾加半茶匙水，以微波爐加熱 10 秒令其軟身；

4. 將雲吞皮切條，以攝氏 220 度油溫炸半分鐘至一分鐘，取起備用；

5. 將粟米、青椒、紅蘿蔔炒熟，加入豬肉，以鹽及豉油調味，再加入咖喱粉及熱飯；

6. 炒熱後下提子乾，炒勻後，伴以印度芒果甜酸醬及炸雲吞皮即成。

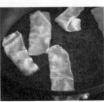

EPISODE .08

全職爸爸的樂與惱

Kuli 的選擇是勇敢的。
做全職爸爸，雖然不是前所未聞，但還是比較稀有。
我衷心希望他們成功把孩子們帶大，
證明給社會知道，男女有平等的選擇權，
人盡其才，自己有權挑選自己喜歡做的事。

——美齡

Kuli & Ross

&

則澄 & 則垣 & 則延

今次的主角爸爸 Kuli，挑戰社會常規，當上全職爸爸照顧三名兒子，開拓了一種新的價值觀。

Kuli 與妻子 Ross 均是社工，Kuli 憶述：「八年前，當時太太得到新的工作機會，而我的工作則剛巧完約，我們均喜歡挑戰自己，給予機會自己成長，我亦希望增加家庭參與度，故便嘗試由我當起全職爸爸，照顧三個兒子。」

全職爸爸的條件

Kuli 一開始當上全職爸爸時，他不懂為嬰兒洗澡；他每次到街市買菜都被問：「放假呀？」；他與太太的爭執也多了，如洗碗的清潔程度也有分歧，但他還是硬著頭皮去嘗試、學習。於大家慢慢適應，互相包容下，轉眼便過了八年。Kuli 回想說：「初期親戚會給予壓力，傳統思想會覺得男人應賺錢撐起家庭，要不然男人的價值就會降低。不過我自己作出了取捨，錢賺少了，但陪伴他們的時間多了，甚至可以自己當上導師，每天見證他們一哭一笑，慢慢成長，一切也是值得的。」

現在長子則澄已經九歲、二子則垣七歲、幼子則延四歲。Kuli 會替他們剪頭髮，三人均與爸爸一樣束平頭裝，一看便知是四父子。美齡甫進入 Kuli 的家，目光馬上就被三張大、中、小的桌子吸引，甜蜜笑說：「我也是有三個兒子的，一見到三張桌子，就很懷念這種溫馨的感覺！」

美齡認為 Kuli 能成為一個全職爸爸，是需要很多條件的：「必定
要有非常高的自我肯定能力，要知道自己的價值，不理會別人目
光。一般人看到非主流或新事物，多數會有質疑，所以自己要有
周詳的計劃，也要有勇氣實行。Kuli 與 Ross 能跳出男女定型，是
另一種幸福的形式。」

「他已經超越了一般家長的水平！」

問到 Kuli 如何形容三個兒子的性格，他說：「長子有愛心、醒目、
懂照顧別人；二子則聰明、轉數快；幼子年紀少，尚未定性，不
過就最嬌嗲！」經過美齡帶三個小朋友到超級市場後，覺得三人
均非常活潑好動，到處跑跳，不難看出是由爸爸照顧。因為如果

由媽媽照顧的話，一般會較介意別人目光。她補充説：「其實無論是由父或母全職照顧，另一半也可多陪伴子女，因為有些事情只有父或母才能教到，例如父親可教兒子風度，母親可教女兒儀態等等。」

Kuli 説：「若由媽媽照顧的話，會比我更細心和更多關愛，但我則較喜歡與他們玩耍，與他們一起探險歷奇。」Ross 也同意自己通常會做安撫兒子的角色。她十分欣賞 Kuli 的育兒方針：「他非常自由，沒有框架，不會人云亦云，能因材施教，看得準每個小朋友的個性，例如長子吸收力好，便發展學業，二子則運動較好。而且他的管教方式亦十分有效，試過兒子們不肯做功課，爸爸便説不用心就不要做，然後收起功課，那他們便會馬上知錯，珍惜做

功課的機會了。若我自己當全職媽媽的話，我只能是個普通的媽媽，但他已經超越了一般家長的水平。」

聽著妻子的讚賞，Kuli 不禁流露自滿神情。Ross 不忘感謝 Kuli 一直以來的付出，續說：「我自己早上要上班，放工又累，回家後最多也只是陪兒子聊聊天、玩玩耍，很少會幫助到 Kuli。許多人覺得我要負擔家庭，但其實是 Kuli 一直支持我。有時兒子們會叫錯我做爸爸，或做了甚麼都先叫爸爸看，我便知道他在兒子們心中的地位，但輪不到我去羨慕，因為他的確很辛苦。」

「貧富便當」

長子則澄升小一時，Kuli 覺得學校飯盒的油鹽、蔬菜等份量不能控制，他希望能自己主導兒子的健康，也認為便當可以促進親子溝通，例如今天兒子覺得好不好吃已是一個話題。於是他在四年前便開始為兒子做便當，更悉心設計了「貧富便當」。

所謂「貧富便當」，是藉著便當向兒子解釋世上有貧富之分。訪問當日，他便為美齡製作了一個放有雞翼釀蝦滑的「富便當」，而另一個則是洋蔥炒蛋的「貧便當」。他希望告訴兒子們，世界上有落後的地方食得簡單，但同時亦有人富貴得可以餐餐「魚翅撈飯」。讓他們知道世界的現況，告訴他們幸福不是必然，要學懂感恩，幫助有需要的人。

除此之外，「貧富便當」也能傳達價值觀予兒子，Kuli 說：「試過

前一晚兒子不聽話，但我第二天仍做了『富便當』給他，希望他能反思為何自己做錯了，爸爸仍如此愛錫他。」Kuli 認為懲罰小朋友的作用不長久，重點是要他自省，變成自己的價值觀，待父母不在他身旁時，他仍能分清是非黑白。

面對偏食，Kuli 認為不須強迫兒子甚麼都吃，但若那些食物對身體有益，他也會鼓勵兒子盡量嘗試。而面對零食，他就會向兒子解釋一些零食或汽水的壞處，例如咖啡因會影響集中力，酸性對牙齒不好等等。故現即使家中放置薯片，三名兒子也不會吃，只吃一些較健康的零食，如果乾、果仁等。Kuli 同樣本著讓兒子自省的理念：「全面禁止的話，愈禁就愈想吃，而且他們長大後也會買來吃的，所以教會他們如何選擇最重要。」

Kuli 還有一招奇招去教兒子珍惜：「若當天兒子早餐吃不完，我會要求他們午餐再吃，直到吃完為止，最嚴重試過翌日早餐還在吃昨日早餐的剩食。」兒子雖有怨言，但也從此不再浪費食物。

說謊就訓話八小時

Kuli 育兒除了使出軟功，有些規矩還是必須遵守。他憶述一次把兒子懲罰得最重的經歷：「有次二子因為學校的事情講了很多謊話，一個掩飾一個，給予很多機會仍不肯認錯，那我便狠狠懲罰他。我認為要令兒子學懂承擔責任是爸爸的職責，社會上很多高位人士為了逃避責任而說謊，但做錯事要承擔，而非推卸，做一個負責任的人是從小到大的，現在不扭轉，將來只會害到他。」

Kuli 還記得當晚二子是哭著入睡的，幸好，翌日二子冷靜完，他主動去擁抱爸爸，行為亦馬上轉好，Kuli 便知道他已經成長了。這事同時也成為 Kuli 與兒子最溫暖的回憶。

美齡憶起自己的長子亦曾說謊，最終被她訓話了足足八個小時：「有次長子默書得了七十多分，便謊稱還未派發，後來被我拆穿了，他解釋因怕我不高興所以撒謊。我覺得他誤會了我對他的愛，無論他得了多少分，我的愛都不會變，分數只是很微細的事。接著我又要向他解釋：『若你說了一個謊話，就要說另一個謊話來掩飾，愈說愈多，便會愈走愈遠，回過頭來，便再也見不到媽媽了。』慢慢向他解釋，我是會無條件地愛他，不需要為了得到媽媽的歡心而說謊。」

美齡想起這片段哭笑不得，然而每個最難忘的往事，總有其感動時刻，她續說：「訓話期間我拿了一張紙，叫他記下曾說過的謊，他嚴肅地把紙都寫得密密麻麻，但我一看之下，原來全都是生活中的小事，例如拖鞋未放好之類，我感動到又笑又哭。自此之後，他便再沒有說謊了。」

全職爸爸的辛酸

Kuli 作為全職爸爸面對的最大困難，竟不是對外，而是自身的孤單：「一個全職爸爸，沒有人可以分享苦與樂。兒子同學一般都由媽媽照顧，我不方便與其他母親過於熟絡，難以融入媽媽群組。平日朋友、舊同事們都在上班，而且也不太理解我的處境。而我

自己不認識其他全職爸爸，所以也挺孤單的。」

Kuli 續說辛酸：「以往上班，完成了一個工作後，會得到成功感，但全職爸爸的工作是日復日，沒有終結的，而且天天工作也差不多，唯有自己轉換心態，享受每一刻。現在看見他們吃光便當，讚賞便當好味，我便心滿意足了。我也嘗試為照顧兒子加設一個期限，如一、兩年後看他們有沒有進步之類。」

當上全職爸爸的八年光陰過去，Kuli 鼓勵欲當上全職爸爸的男士：「只要你有勇氣跳出第一步，肯嘗試便會有出路。就算失敗，大不了重返職場，不用怕！」他的勇氣，值得我們佩服。

Kuli 的選擇是勇敢的。做全職爸爸，雖然不是前所未聞，但還是比較稀有。能夠作出這個決定，表示他並不受傳統思想控制，勇於走新的路，為下一代男士帶來展望。這值得我們為他鼓掌。

Kuli 有自己教孩子的理論，很有意思。和他們共度一天，可以看得到孩子很聽爸爸的話，感謝爸爸，也希望得到爸爸的認同。Kuli 會跟孩子們說道理，孩子也會聆聽他的說話。我覺得他們好像球隊，爸爸是教練，齊心合力的支持家庭。

三個男孩子，非常聰明活潑。大哥有領導力，能觀察四周情況和旁人的反應，選擇最佳途徑；二哥比較老實，明白事理；小弟只有四歲，自信爆棚。但我也有擔心之處，男

孩子都喜歡學人講粗言穢語，Kuli 的三位男孩也不例外。他們的説話真的令人面紅心跳，當我的節目拍檔 Dixon 告訴小弟我是博士時，小朋友立刻説，「哈哈，佢係——！」然後説了一句難聽的説話，令我嚇了一跳。

能立刻想到那句話，表示他的頭腦非常快，可以把學過的知識和剛得到的情報連結，作出一個結論表達出來，這是可喜的。但同時，這也表示他的腦袋裡有很多骯髒的説話，而且他覺得隨時也可以説出來，這不是好事。小小的他，十句説話中，至少有三分之一是用粗話來挑戰對方的。但他並不了解自己的行為有問題，只是覺得好玩。

在心理學上，用粗言穢語去攻擊或嘲笑別人，是為了建立自己的優勢：「我比你強！我看不起你！我笑你！你奈何不了我。」但其實小朋友並不需要用這種方式去保護自己，有很多正面的態度能和人建立好的關係，否則旁人會看不到孩子的優點。那是可惜的，因為他們都是好孩子。

這一點，Kuli 可以和他們説清楚。但我也留意到，孩子們在父母面前，不會用那麼多粗話。面對著父親，三兄弟可能會自自然然只做爸爸認同的行為。但 Kuli 和太太 Ross 可以告訴他們，甚麼都可以和爸媽説，不需要隱藏。

教男孩子真的不容疏忽！我也是三個男孩的媽媽，我的其中一個家規是不可以説粗話或傷害人的説話。因為言語也是暴力，會傷害他人。「令人感到高興才是我們交流的目的。」若他們説了骯髒的説話時，我會提醒他們要漱口。解釋清楚之後，我的孩子們都不用骯髒的説話了。

Ross 是 Kuli 的大粉絲，尊重 Kuli，感謝 Kuli。Kuli 受到 Ross 的支持，能專心的為兒子們操勞。他們是一對好拍檔，是擁有新思維的新一代家長。我衷心希望他們成功把孩子們帶大，證明給社會知道，男女有平等的選擇權，人盡其才，自己有權挑選自己喜歡做的事。

牛排三文治

材料

牛排	200 克
蒜頭	15 克
洋葱	1 個
方包	2 片
牛油	10 克
芥末	5 克
豉油	1 茶匙
鹽	1 茶匙
胡椒粉	1/2 茶匙
番茄	1 個
橄欖油	2 茶匙

做法

1. 用鹽及胡椒醃牛排，下油及蒜頭，煎約兩分鐘至五成熟，加豉油，備用；

2. 以牛排汁炒洋葱，加鹽、豉油及胡椒調味，炒熟備用；

3. 番茄切粒，以鹽及橄欖油調味後炒熟，備用；

4. 烘麵包，一片麵包塗牛油，另一片塗芥末，夾好牛排成三文治，切件；

5. 三文治旁邊隨個人喜好伴以洋葱及番茄即成。

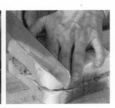

巴馬火腿配哈密瓜 & 香草番茄配水牛芝士 & 咖啡啫喱

材料

巴馬火腿	100 克
哈密瓜	400 克

做法

1. 以水果挖球器將哈密瓜肉挖成球狀，以牙籤穿起火腿及哈密瓜即成。

水牛芝士	200 克
羅勒	15 克
番茄	3 個
橄欖油	40 克
意大利陳醋	40 克

1. 橄欖油與醋混好，下鹽調味，加入羅勒葉碎備用；
2. 番茄切片放杯底，上面放一片水牛芝士，再淋上羅勒葉醬汁後即成。

咖啡	500 毫升
魚膠粉	35 克
糖	45 克
忌廉	200 克

1. 熱咖啡加入魚膠粉及糖，混好放涼，冷藏至凝固；
2. 取出啫喱以匙羹刨碎，放入杯中，加入忌廉後即成。

學障的
困局

●●
看著樂樂，我深深覺得他比普通年輕人更善良、
更堅強，是我們社會上非常需要的動力。
所以其實樂樂是沒有問題的，
問題是社會不知道如何去欣賞和活用他的潛能。

●●

——美齡

賴太

&

樂樂

今次的主角媽媽賴太是位在職母親，兒子樂樂十三歲，剛升上中一，是有特殊學習需要（Special Educational Needs，SEN）的孩子，患有讀寫障礙和專注力不足。賴太於樂樂一歲多時，發現他走路容易絆倒，說話能力較弱，掌握不到句子結構。一開頭懷疑他是聽力出現問題，但到健康院檢查後其聽力卻無礙。

賴太詢問了社工朋友、私人的兒童評估中心及心理學家，認為樂樂出現了「語音發展遲緩」（Speech Delay）的症狀，例如他吞嚥食物有困難，咀嚼不到較硬的食物，口部發音不準。但由於小朋友要到六歲才能確診讀寫障礙，故那時只可說他是肌肉發展欠佳，唯有多帶他行山、做運動，以訓練肌肉。

其後，父母帶樂樂進行感統訓練，每天在家練習手腳協調。樂樂的喉嚨肌肉不好，賴太就要樂樂吹氣球、咀嚼香口膠；他吃飯時常把肉吐出，賴太也一定迫他吃回。賴太的教育法是：「只要父母夠堅定，子女會知父母是為他好的，他鬧脾氣幾次後就會聽話。」

平時賴太不會讓樂樂看卡通片，認為卡通片的世界太完美、不真實，所以樂樂現在喜歡看紀錄片、飲食或旅遊節目。小時候賴太每晚都會為樂樂講睡前故事，但小四後則轉為分享每天趣事，例如樂樂會訴說學校的苦與樂，而賴太則講她在公司遇到的挑戰。

賴太希望讓樂樂了解世界的真實模樣，並會把當中道理套到他的校園生活裡，協助他解決人際、學業等問題。樂樂說：「媽媽是我的 Superwoman！」每晚臨睡前樂樂都希望擁抱媽媽，這是賴太每

天最溫暖的時刻，頓時感到一切辛酸都值得。

孟母三遷

「照顧樂樂最辛苦的，是外在環境的影響。」賴太道：「例如老師
的不理解，試過老師覺得他上課不專心要懲罰他，或同學間的欺
凌。但其實要他專注，付出的力量比常人大，而努力過後卻無人
欣賞，令他情緒低落，標籤自己不夠好，自信下降。」

正因為賴太希望為樂樂找到合適的學習場所，小學時她不惜幫樂
樂轉校兩次。「第一間小學是私立小學，實行活動教學，學習過程
愉快。」樂樂記得一年級的班主任呂老師非常愛錫學生，即使樂
樂被同學取笑成績差、反應慢，但呂老師也從不罵他，只會耐心

教導。賴太說:「呂老師對他影響深遠,以前她帶學生們逛年宵,教樂樂一開始別先購物,走完一圈格好價才買。這些小貼士樂樂至今仍深深記住,我認為教導學生價值觀是老師的使命。」

但好景不常,樂樂小四時,學校更換校長,新校長只專注催谷成績,功課測驗變多。賴太認為每人的學習模式不同,不能「一本通書睇到老」,不求過程,只求結果,「我覺得此校不再適合樂樂,唯有幫他轉校。」

面對欺凌問題,美齡認為:「小朋友見樂樂和大家不太一樣,就會去逗他,慢慢惡化成欺凌。通常自卑或自大的小朋友都會藉著欺凌別人獲得優越感。老師和家長要教懂小朋友平等,不是高大、家景好、漂亮、成績好就能橫行無忌,而是要學懂明白和欣賞別人的不同之處。香港是缺乏這方面的教育的。」

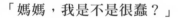

「媽媽，我是不是很蠢？」

樂樂轉校後重讀小四，發覺第二間學校同樣非常注重成績，一天
要做十多樣功課，重量不重質，對於樂樂來說十分困難。而且樂
樂的老師很嚴厲，脾氣暴躁，做不完堂課不准吃飯，不但侮辱學
生作「野馬騮」，甚至大罵樂樂「廢柴」，令他的學校生活極不愉
快。有時樂樂遇到不懂的題目，會問賴太：「媽媽，我是不是很
蠢？」令她心痛不已。

美齡嘆息：「這種老師不能原諒。兒童心理學已證明，老師要認同
學生，學生才會有進步；若老師經常否定學生，學生只會放棄。」

賴太曾經與校方開會，説明兒子的情況。她形容當日的局面就似以一敵八，感覺難受。而且她發現老師其實知道樂樂有 SEN 的問題，卻缺乏專業知識去幫忙。

美齡説：「有些學校會將 SEN 的學生與普通學生混合教學，藉此教導他們如何幫助別人。但這種方法有些時候會成功，有些時候會失敗。我認為每間學校都必須要有相關專家，不要碰運氣，可能會害到兒童。現時 SEN 的學生相當普遍，每八、九個小朋友之中就有一個，如規定有駐校專家，可以幫助到更多小朋友。」

「香港教育制度著重成績，學校為推高排名便不斷催谷小朋友，家長亦擔心子女進不了名校、大學。但這制度、心態對小朋友不公平，個個只希望 DSE 高中狀元，考得差就代表人生失敗，導致每年製造出無數失敗者。但社會應是行行出狀元，大家才能擁有快樂人生。」

教育工作者要有同理心

因以上種種原因，賴太決定為樂樂轉讀第三間學校。幸好皇天不負有心人，這次樂樂終於如願入讀好學校。

「小五至小六時，樂樂轉讀了政府資助學校。該校多 SEN 的學生，校長亦非常有心幫助他們，老師對他們的情況有深入認識，亦有技巧教導他們，支持他們，充滿關愛。學校平日少功課，默書會預早提醒，重質不重量。樂樂因讀寫障礙的關係，默書可要

求加時。學校教育學生不互相比較，每人學習速度不同，但都可以通過自己的努力達至成功。」賴太展露出開懷的笑容。

縱使樂樂成績不佳，但老師見他上課乖巧，亦願意給予機會讓他擔任風紀。除了分配師兄協助他融入新校外，亦教他管理其他同學，這些經驗都使他一生受用。樂樂表示自己也最愛第三間小學：「同學友善，老師惹笑，會一起玩閃避球，甚至丟粉刷，大家打成一片。」

賴太認為每人成長都有困難，但除父母支持外，其他人的支持都十分重要。她說：「教育工作者要有同理心，除了知識承傳，亦要成為學生的榜樣。學生見老師接受不同能力的學生，這會幫到學生將來面對不同能力的人，如何與人磨合相處。」

美齡聽過賴太「孟母三遷」的故事後，不禁大讚其熱心：「甘願為樂樂做研究，而且見他一不適合便轉校，其勇氣、毅力非常難得。」一般家長追求安穩，少有鼓勵轉校，問及賴太為何如此勇敢，她答：「我覺得兒子不須擔心轉校，反正人長大後也會經常轉換環境，不能總在不變的環境保護他。應從正面看，他會認識到更多朋友，而不是失去朋友。只要轉校時告訴他轉變的原因，給時間讓他適應便沒有問題。」

訪問當日，樂樂與好友 Orian 一起到淺灘捉蟹仔，Orian 說：「我覺得他很棒，數學很好，有時我不懂做功課也會打電話問他。其實大家天真起來都一樣，他不會因讀寫障礙而自卑。」原來樂樂與 Orian 於小一已認識，友情至今仍未變。美齡發覺他們玩遊戲時，Orian 十分關懷樂樂，兩人在一起時都開朗健談，情如手足。美齡笑說：「樂樂有這樣的好朋友，也證明他是個可愛的人了！」

透過便當讓子女感受幸福

除了 SEN，樂樂小時候亦患有溶血病，俗稱「蠶豆症」，不能吃有激素和某些化學品的食物。這令賴太經常精神緊張，時刻留意著他的小便會否變啡，因「蠶豆症」表徵出現時已經太遲，內臟有機會衰竭。

賴太與丈夫一向注重飲食健康，日常煮食少糖少鹽、少防腐劑、多菜少肉。賴太不想樂樂嗜甜，因糖份會令他興奮，幸好樂樂早已被父親訓練到不偏食。樂樂的第一間小學有自家廚房，不須訂

飯，午餐健康美味，賴太少有擔心。但自轉校後，賴太認為新學校訂的飯盒太鹹，故便開始親自做便當。

她注重食材來源，亦希望樂樂能從便當中汲取不同的維他命。樂樂平時喜歡與賴太一起逛街市，因可跟檔販們聊天，也算是一種親子活動。樂樂愛吃西蘭花、海鮮、牛扒、羊扒，故賴太也盡量將這些食材放入便當中。「只要他吃得開心，我們就有滿足感，希望能透過便當讓他感到幸福。」賴太說。

「不是要教他做普通人，而是要教他做自己」

「以前見社工、心理學家，他們都告訴我，無論樂樂怎樣望我，我都要對他微笑、點頭，向他保證媽媽永遠會關心你的。我與他的聯繫緊密了，他才樂意跟我分享快樂與哀愁。」賴太說。

美齡看著賴太，認為她覺得自己對樂樂仍要負全責，因為現在尚未為他找到一條出路，十分擔心其未來。若賴太能找到樂樂的專長，她的心便能安定下來。美齡說：「我覺得樂樂是個非常善良的孩子，有他自己的特長，充滿前途和可能性。人無完美，只有不

一樣。所以我不覺得 SEN 的小朋友是不足的。」

賴太回應：「我先接受了別人覺得這是問題，那我會較容易理解別人的想法，再教兒子如何辯護。雖然他某方面與人不同，但砌模型、畫畫都不錯啊，也有很多地方值得人欣賞。他的畫作常被老師貼堂，家長日時會叫我看，他也知道自己畫畫是有天份的。」

美齡建議：「如果發掘到能令他開心、有滿足感的事，那就盡量培養，令他驕傲、自豪。在這個不肯深入了解別人的社會裡，為他養成高度的自我肯定能力，那以後他學習也更有動力。不是要教他做普通人，而是要教他做樂樂。」

「他喜歡畫花的話，就專注畫花，不需要太多樣性。畫畫可應用到很多工作，廣告、設計、老師等等，大學時幫他選擇專門科目，令他將來自立。現在不妨叫他嘗試教人畫畫，他會從中知道自己有何不足，加倍努力自學，慢慢變成專家。」

如何照顧有特殊學習需要的小朋友

美齡總結：「第一，要讓他們知道自己有價值，提高自我肯定能力。第二，要有安全網，即使父母不在時都有人幫忙，以樂樂的例子來說就是像 Orian 這樣的朋友。第三，要有自立的能力，只要讓他有目標追求，集中力便會強，長大了可以自力更生。」

美齡和賴太、樂樂相處了一天，「賴太為了樂樂，不斷學習、成長，有這樣的一個好媽媽，樂樂是非常幸運的。希望社會能更加了解 SEN 學生的需求，讓他們能實現快樂生活。」

美齡心聲

現在樂樂已比賴太高大，賴太需要抬頭望兒子，樂樂則需要低頭望媽媽。我們可以感覺到母子之間無言的溝通，好像是用眼神、呼吸，甚至是用心靈來對話的。他們的聯繫源自多年建築起來的信賴，是其他人無法介入的。

賴太是一位平靜的媽媽，在她身邊可以感受到一種「鎮靜效果」。所以她能令樂樂安靜下來，不暴躁，理性地理解和接受自己。這是賴太十幾年來的偉大工程，她的毅力令人佩服。

教導有特殊學習需要的學生時，家長和導師都希望幫助他們，能和普通人一樣生活和學習。但我和賴太說：「樂樂是與別不同的，不需要追求平凡，是要去追求做最好的樂樂。」賴太聽後眼紅了。

我們一起去釣魚，樂樂不會爭著去釣，反而讓給我們先

當天我教樂樂做了一個驚喜便當給媽媽，樂樂更錄了一些給媽媽的說話。賴太一見到樂樂出現在畫面上時，淚水停不下來，哭成淚人。教導樂樂，當然是一件快樂的事，但相信當中也有很多辛酸。賴太的淚水，表示出她是如何的愛孩子，和對現在的樂樂感到驕傲。

樂樂不需要做一個平凡的人，可以一直做樂樂，做一個特別的人。我希望賴太能夠找到樂樂最喜歡做的、一生也不會厭倦的事，為他建立一個職業，好讓樂樂能夠自得其樂，敬業樂業，快快樂樂。

玩，他在旁邊幫我們。他會去和其他釣魚高手交談，問心得。看著樂樂，我深深覺得他比普通年輕人更善良、更堅強，是我們社會上非常需要的動力。所以其實樂樂是沒有問題的，問題是社會不知道如何去欣賞和活用他的潛能。

賴太給我看了樂樂畫的畫，很不錯；樂樂的朋友也告訴我們，樂樂的數學很好，那麼我們可以從這兩方面著手。樂樂可以開班教畫畫或數學，讓他幫助其他小朋友，藉此提高他的自我肯定能力，對自己更有信心。如果他的長處能夠得到認同，會直接影響將來他對職業的選擇。

冬菇雞翼有味飯

材料

米	2 杯
雞翼	12 隻
冬菇	8 隻
黑木耳	15 克
豉油	2 茶匙
鹽	1/2 茶匙
胡椒粉	1/2 茶匙

做法

1. 冬菇、木耳過水後浸軟，浸冬菇水留起備用；

2. 雞翼用豉油、鹽、胡椒粉醃一會；

3. 把浸軟的冬菇和木耳切絲；

4. 煮飯時，洗好米後先落冬菇水，再加清水；

5. 雞翼煎熟後，落冬菇和木耳一起炒，再加豉油；

6. 待飯滾起，把所有材料放入煲中拌勻，再煲至飯熟。

芝麻菠菜 & 甘筍蓮藕 & 白小青瓜

材料

菠菜	400 克
黑芝麻醬	1 湯匙
豉油	1 茶匙
糖	1/2 茶匙

紅蘿蔔	1/2 條
蓮藕	1/2 條
麻油	1 湯匙
味醂	1 湯匙
豉油	1 湯匙
糖	2 湯匙
鹽	1 茶匙

小青瓜	1 條
鹽	1 茶匙

做法

1. 菠菜切一半滾熟，隔水撈起後用廚房紙巾吸乾水；
2. 黑芝麻醬加豉油和糖調味，倒入菠菜拌勻。

1. 蓮藕切片，甘筍切絲；
2. 先落油和麻油炒香，再加味醂、豉油、糖、鹽，炒至爽口。

1. 用刀柄拍碎，扳開成一口大小，加鹽拌勻即成。

孩子的
成長空間

●●

Sharon 的家像一個幼稚園，

她的兩位小公主實在太可愛了。

如果真的有會說話的洋娃娃，那麼欣欣就一定是最

可愛的洋娃娃；如果真的有小學生的幼稚園老師，

那晴晴一定是那位伶俐的老師。

●●

——美齡

Sharon

&

晴晴 & 欣欣

今次主角媽媽 Sharon，當了十一年幼稚園教師，到二女出世後才成為全職媽媽，兩名女兒分別是已經八歲的晴晴，以及三歲半的欣欣。以往她於幼稚園的工作中，發現有很多不同類型的家長，小朋友有被父或母照顧的，有些則由老人家或工人照顧，而由不同人照顧的小朋友都帶著不同特徵。Sharon 不禁嘆息：「老人家或工人或許不太會教導小朋友，令某些小朋友於待人接物方面會弱一些。有時我跟家長們討論，他們也很無奈，其實他們也想親自照顧，但經濟上不許可，到放工後又盡量想爭取時間與小朋友玩耍，導致所有品德教育都要完全依賴學校。」

現今很多小朋友不斷上興趣班或補習班，其實也是由於類似原因。Sharon 憶述她曾眼見的情況：「可能是因為自己工作沒時間，又怕工人或老人家不懂教，便索性放他們上興趣班。有些家長則因自問知識水平不高，所以也直接把他們放到補習班。」

因此 Sharon 特別珍惜與女兒共度頭幾年的光陰，當上了全職母親：「小朋友這段時期最需要母親的陪伴，到他們小五小六，已經不喜歡父母跟出跟入了。教導他們如何待人處事是父母的責任，如他日女兒出現問題，自己也不須怪責別人或後悔。」而 Sharon 只會讓女兒上喜歡的興趣班，例如跳舞、畫畫，其餘時間都拿來玩耍。「我希望讓女兒有個真正童年，不是為學業而上興趣班，而是給予他們空間，發揮所長。」

小時候 Sharon 的母親也是全職照顧她，令她擁有難忘的快樂童年，深深影響她今日的決定：「小時候媽媽會與我、哥哥、妹妹

一起做糯米糍，幾歲的事情到現在還印象深刻。我希望自己的女兒也有同樣回憶，所以我們會盡量嘗試新事物，如一起煮飯、野餐、去公園玩，讓他們享受一個快樂童年。」

美齡說，可能現實有許多情況不容許自己當上全職母親，但也不用氣餒，美齡自己也是位在職母親，一樣能與兒子擁有非常快樂的親子時光，因為親子時光是重質不重量的。只要有好的計劃，一定能和孩子製造美好的回憶。

小廚房與「煮飯仔」

受到幼稚園工作的影響，Sharon 把家裡也佈置得活像一間幼稚

園，將家中劃分為不同角落，有著不同的功能，如小書櫃，小廚房等等。雖然到處放滿東西，但 Sharon 仍然收拾得整齊企理。她會在不同地方貼上中英對照的字詞，例如鞋櫃上會貼上「鞋櫃 Shoe Box」、沙發會貼上「梳化 Sofa」等等，希望製造一個舒適的語文環境，令女兒不抗拒文字。「有時女兒會很自然地問這個字是甚麼意思，這環境可減低他們的學習壓力，提高學習興趣。」Sharon 自豪地說。

美齡發現他們家中放著一個特別的玩具──一個「小廚房」。其實那就似一般在玩具店見到的「煮飯仔」玩具，但 Sharon 家中這個卻是自製的。這個「小廚房」外觀比玩具實淨，貼滿公主貼紙。

而它可謂麻雀雖小，五臟俱全，除了一個水龍頭，旁邊還有兩個爐頭，櫃內藏著很多廚具與餐具。

原來平日兩姊妹喜歡玩「煮飯仔」，有次妹妹生日，Sharon 希望製造驚喜給她，便親自與丈夫一起製作了一個「小廚房」。「我們曾經試過買一些『煮飯仔』的玩具給她，但因為兩姊妹的身高差太遠，所以總找不到同時適合她倆高度的『煮飯仔』，而且在市面上買到的都太輕和太細，容易絆到，而且一踢到就會破爛。所以我們花了兩晚時間，用壞了的玩具或者其他物品，加工建成這個小廚房。」

訪問當日，美齡便跟兩姊妹玩了「煮飯仔」，美齡扮演客人，兩姊妹則是侍應加廚師，玩得不亦樂乎。美齡說：「『煮飯仔』是種角色扮演遊戲，遊戲中能鍛煉腦筋，代入大人的角色，變相令他們出街吃飯時也會觀察別人，能增強觀察力、好奇心、理解能力。」

美齡認為晴晴和欣欣是特別聰明可愛的孩子，但最重要的是，她們的情緒智商都非常高：「欣欣笑容陽光美麗，雖然只得三歲，但卻能令周圍的大人很舒服，跟姊姊玩耍時也遷就著她。她的觀察力亦強，連我們有沒有戴上無線咪高峰都留意到。而晴晴已經八歲，開始害羞，但一玩遊戲時就十分投入，發揮到她最佳一面。她願意耐心教導其他人，而且語氣肯定，很有自信，能令他人信服，於八歲來說非常難得。」

美齡續說:「三歲和八歲都是關鍵年齡,兒童心理學有提到,零至三歲是十分重要的,因為大部分東西會於無意識中學到,而且入腦後很難改,所以要盡量於這時期讓她吸收好的思維、規矩、價值觀。而八歲後的智商則一生不變,所以這時期母親花時間照顧小朋友是值得的。」

育兒最重要有同理心

問到 Sharon 的育兒理念,她二話不說便答:「同理心,第一間幼稚園的校長教我,無論是老師對家長,還是母親對女兒都要注重同理心。要代入對方角色,思考對方感受。例如女兒出街想買東西,而我又未必樣樣都會買。那我首先要認同她的感受,告訴她媽媽知道她的失落,之後才講我自己的感受。女兒也要學習對我有同理心,大家互相溝通,他們明白我感受的話,才願意與我分享。」

「我希望女兒學懂如何與人相處,如何處理人際間的爭執。是否一定要堅持己見?還是聆聽別人?大家商量出解決的辦法。一般小朋友會發現到問題,但不懂處理,只懂呼喚媽媽,我希望女兒能夠有解難的能力。」

如遇上兩姊妹吵架,Sharon 會先分開他們冷靜,各自問他們為何會吵架,是否只有吵架這個處理方法?然後問他們:「如果對方跟你道歉,你會原諒她嗎?」

美齡卻認為可以兩姊妹一起討論:「我注重兄弟間的感情,多於

孩子與我的感情,因為我不能陪伴他們終老,但兄弟們卻可以一生互相照應。所以我會讓他們一起討論雙方的問題,多點互相理解,坦誠相處。」

「如希望分開孩子,讓他們冷靜下來,我建議不妨對妹妹說,你記得姊姊是多麼愛你嗎?集中提對方的優點,那她們會更願意原諒對方。我的兒子們感情極佳,有次試過二兒子做錯事,爸爸要懲罰他,其餘兩個竟為二兒子哭著跪地求饒,那時我真的很感動。」

Sharon 認為身教對兩姊妹也是不可或缺的:「我與自己的兄妹關係融洽,現在也會每天傳短訊互訴心事,每星期都有家庭日。所以我的字典內,兄弟姊妹是相親相愛的。當女兒見到我們一家人永

不分離,他們也會感受到,也學懂欣賞對方。而將來他們在社會上懂得欣賞、感恩,其實是非常重要的。」

空間使人成長,取捨使人前行

美齡從 Sharon 家中的佈置,已感受到一家的快樂氛圍:「你把家裡佈置得像幼稚園,做了很多不同的角落,如煮飯仔、做功課的地方、圖書櫃,每去一邊就自然會做某一種活動。這對於幼兒是好

的，但隨著他們成長，你不妨多拆一些牆，開放每個角落，令小朋友更有想像力，到哪裡都能集中做某件事，要不然到他們長大後，遇上沒有規矩的地方便會慌張迷茫。」

美齡也認為 Sharon 家中的東西有點塞得過滿，對於小朋友成長未必是好事：「這些東西對他們一家來說都是寶物，如照片、女兒的玩具、爸爸的玩具、書本等等。但空間對小朋友的成長很重要，不論是心靈或家中，都需要空間去讓他們多方面成長。要教女兒學懂取捨，教會他們物質不是最重要，最重要的是回憶、經歷。人生充滿著取捨，包袱太多會不能前行。」

「日本人的家很多都會盡量少放物品，因為他們認為人需要空間發展腦袋和心靈。我也是不捨得丟棄舊物的人，常常跟丈夫吵架，但每當我清理完自己的家後，都會發覺原來家中還有很多成長空間，腦中雜聲也彷彿一掃而空，可以繼續上路。」

飛機餐便當

Sharon 平時會留意大女喜歡吃的東西，例如她出街喜愛吃快餐店，那 Sharon 便將便當以快餐店做命名，增進她的食慾。Sharon 説：「便當每日來來去去都是那些材料，要令小朋友吃得開心，便要將食物放得整齊美觀，我會嘗試把便當砌成漢堡包、鐵板燒的模樣，令他們一打開就有動力吃。」

大女喜歡坐飛機，特別愛吃飛機餐，貪其豐富多選擇，有主食之餘又有飲品、甜品、餐包、水果等等。某日大女突然問 Sharon 可否做一個飛機餐便當給她，於是 Sharon 便開始細心構思。Sharon 還記得大女第一眼看見飛機餐便當時，興奮地大叫：「嘩！飛機餐呀！多謝你呀媽媽！」大女由衷快樂的反應，就是 Sharon 繼續用心做便當的原動力。訪問當日，Sharon 做了飛機餐便當給美齡，當中最用心的是包著餐包的保鮮紙上，寫著「媽咪航空」，溫馨滿溢。

繼續飛翔

父母總希望竭盡所能，為子女完成一個個夢想，但 Sharon 只有一個夢想：「我希望兩個女兒健康開心，一家人齊齊整整便心滿意足。」就是這麼簡單。希望晴晴和欣欣能承傳這個快樂的「傳統」，讓「媽咪航空」一代一代飛翔下去。

美齡心聲

Sharon 的家像一個幼稚園，她的兩位小公主實在太可愛了。如果真的有會說話的洋娃娃，那麼欣欣就一定是最可愛的洋娃娃；如果真的有小學生的幼稚園老師，那晴晴一定是那位伶俐的老師。

Sharon 有幼兒教育的知識，又有在和諧家庭成長的體驗，是一個當媽媽的最佳人選，在她的照顧之下，兩個女兒茁壯成長，人見人愛。日語有一個詞叫「自然體」，意思是保持自然的姿態。這是 Sharon 給我的印象。旁人看來，她沒有勉強自己去做甚麼特別的事情，只是注重和孩子度過快樂的時光。但其實她的心思是很纖細的，充滿著母愛。她們度過的時間是温和的，陽光的，我相信她們一直在家人的溫暖之中成長。

Sharon 和她的兄弟姊妹感情也很好，令晴晴和欣欣可得到大家庭的照顧。所以我沒有特別的忠告，只是覺得她需要把家中的東西減少，給孩子們更多空間。

Good luck girls!

三色蒸魚

材料

鯇魚	1 條
火腿	150 克
冬菇	100 克
蒜頭	3 瓣
芫茜	15 克
葱	15 克

做法

1. 冬菇及火腿切片，鯇魚肉切成魚片；
2. 在碟上以一塊魚片、一片火腿、一片冬菇的方式排好，蒸約 10 分鐘；
3. 烘蒜頭，將芫茜及葱炒香，加入蒜頭及豉油，淋上魚片後即成。

 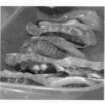 

檸檬布丁

材料

糖	150 克
牛奶	240 毫升
豆粉	30 克
蛋黃	4 隻
檸檬汁	60 毫升
牛油	4 茶匙

做法

1. 將糖、牛奶、豆粉、檸檬皮及蛋黃攪勻，一邊以慢火加熱一邊繼續攪拌，稠身後離火，加入檸檬汁及已溶好的牛油，攪勻後冷藏 3 小時；
2. 之後取出倒入小杯，加上忌廉後即成。

步步為「營」

Cindy 這位守護天使媽媽，
給孩子們安全感和有規律的生活，
令他們安心成長。我看一言和一諾一定會給 Cindy
很多驚喜，因為有很多幸福的種子，
等著他們去散播。

——美齡

Cindy

&

一言 & 一諾

Cindy 育有兩名子女，長子一言四年級，幼女一諾二年級。現在他們都是活潑可愛的小朋友，但原來於一言三歲時，曾有過一段驚心動魄的往事。事緣某日一言早上急小便，但卻久久放不出來，於是 Cindy 馬上駕車帶他看醫生。一言全程狀甚痛苦，年紀還小的他，以為這是自己做錯事的懲罰，途中不斷大叫：「對不起呀媽媽，我以後會乖些，你快點帶我去看醫生！」憶起也令 Cindy 心痛不已。

當時家庭醫生以為一言患了尿道炎，叫 Cindy 買飲品迫他小便，怎料還是去不到，反而愈飲愈急。情況一直持續到臨近下午，醫生才寫轉介信讓他入院。醫院為他放尿，一放便放出 400 毫升小便。「400 毫升！對一個三歲小朋友的膀胱來說是非常多的，可想而知他當時有多辛苦！」Cindy 激動地說。

事後 Cindy 在病床旁陪伴兒子，以為事件告一段落。當醫生入病房時，她還悄聲跟兒子說：「一言，我們可以出院了。」怎料，原來醫生以防萬一，為一言照了 X 光，從 X 光片中竟看到他的膀胱側，長了一個如檸檬般大的水瘤，需做手術切除。醫生話音未落，Cindy 兩行眼淚已倏然落下。之後她衝出病房，打電話給兩名朋友哭訴，接下來的十六天便再無哭過。Cindy 憶述：「我本身是個眼淺的人，但已經哭不出來。我也不能哭，因為不想兒子知道媽媽的驚慌。」

此事可謂禍不單行，Cindy 續說：「本來這手術不須住院十六日，但因為期間工人不潔淨，導致兒子感染腸病毒，屙嘔發燒，令手

術延期。爸爸早上要上班，夜晚也到醫院一起吃飯。當時我們每晚祈禱，爸爸也忍不住哭起來。」母性的堅強，果然是男性無法想像的。

十六日後，一言完成手術出院，但至今仍被無形的後遺症纏繞，Cindy 道：「那間病房是沒有窗的，經過那次之後，兒子每到一些沒有窗的商場都會感覺焦慮，不斷問我現在幾點。他不知道緣故，但我知道是那次經歷影響了他。即使是我，事隔六年這事依然歷歷在目。」

飲食是育兒中最重要一環

由於經歷過這場大病，Cindy 現在極度注重子女健康，「給子女健康的身體是母親的責任。」Cindy 由子女出世開始已是全人奶餵哺，平日出街吃飯，子女都會自己帶上便當，絕不容許子女隨便吃街外食物。而便當材料都只會選用營養師推介的，她到街市買菜也只會到相熟店舖，因為得悉其食品原產地。

Cindy 認為：「如果子女要吃美食，來日方長，所以還在媽媽的管教下時，就要掌握他們的飲食健康。」她會向子女解釋食物只為果腹，不須次次都是美食，而味精、糖份等對身體亦有不良影響，兩名子女現在連一次薯片都沒有吃過。Cindy 的教育很奏

效，她說：「有次帶女兒出街，我叫了罐汽水，想測試女兒會否犯規，但怎樣叫她嘗試她也不肯。兒子亦一樣，有同學請他吃朱古力他也會拒絕，放學後更自豪地告訴我。」

美齡認為，把行為背後的理由給孩子們解釋清楚，這樣的育兒法是最好的，於兒童心理學中叫「內部化」，讓健康知識成為子女自己的學問。那樣即使到他們長大了，他們也不會犯錯，甚至會教導別人。不過，美齡認為放寬少許也不為過，讓子女知道分寸便可，能嘗試多些食物，只要是健康的食材，對孩子並非壞事。

象棋便當

兒子一言在一年前臨近暑假時，Cindy 希望他上學有種輕鬆感覺，於是便製作了公仔便當：「第一次做時很難看，但兒子還是認得出甚麼公仔，覺得可愛。」Cindy 有時會以自己小時候看的卡通片做便當主題，子女都不認識那些公仔，但卻多了個話題，促進了親子溝通。

試過妹妹回家向 Cindy 說，打開便當盒時公仔變了形，被同學取笑，但她竟補一句：「不過我覺得好味便可！我覺得漂亮便可！」令 Cindy 甜入心扉。她堅持每天送飯給子女，以保持便當溫度，冬天更會附上熱湯，「其實人溫暖一些，上課也會集中些，對學習、情緒都有好處。」

Cindy 愛藉著便當去傳達信息給子女：「便當天天都會吃，所以

我會將每天發生的事放入便當，讓他感悟到一些道理，一來生動
些，二來能好好記住信息。」例如前一日兒子做了衝動的事，她
翌日便以紫菜剪出「Keep Calm」字句。試過有晚兒子做功課夜
了，Cindy 就為他製作時鐘便當，提醒他要善用時間，珍惜時間。

有一次，老師選了兒子成為校內音樂比賽的司儀，但他一向不是
充滿表演慾的人，故並不太想擔任。但 Cindy 認為機會難逢，兒
子可藉此提高自信。他一向喜愛雪人卡通公仔，因此 Cindy 便以
此主題製作便當。兒子打開後十分雀躍，並馬上告訴老師。Cindy
希望這便當能使兒子學懂感激，珍惜每個機會，也能帶歡樂予身
邊的人。

在 Cindy 與兒子心中，最深刻的是一個象棋便當：「他十分喜愛下象棋，有次小息後，他發現遺失了一隻棋，矛頭直指一位同學，更與該同學發生推撞，當日我收到四個老師打電話來通知情況。第二日，為了想他感恩，多謝老師們協助調停和情緒輔導，便製作了象棋便當，提醒他好好記住這件事，以後要三思而後行，別説一些傷人的話。」每天待兒子放學後，Cindy 都會問他記不記得今天的便當，並與他討論問題，令他明白當中道理。

訪問當日，Cindy 教美齡製作象棋便當，美齡發覺要以紫菜剪出棋子上的字是極花功夫的，可見 Cindy 當時實在用心良苦。美齡十分欣賞以便當傳達信息的方法：「小朋友能看到、吃到、感受到母親的心意，也能反思自己的過錯，令他記入心。Cindy 很有心思，亦能達到目的。」

雖然 Cindy 會為子女做便當，但她仍參與家教會的飯商檢查工作。原來學校的家教會每個月都會作例行檢查，試食飯商的飯盒，為子女的健康把關。當他們嘗試後，會將意見反映給飯商，改進飯盒當中如油鹽、蔬菜、白飯的份量，和食物的味道。Cindy 除了為學生的健康出一分力外，更重要的是，她認為熱心做學校義工，可令子女對學校更有歸屬感。

時間表需與子女溝通

不少家長都會讓子女上興趣班，Cindy 的子女亦一樣，兩人的時間表均非常忙碌，兒子一言除了星期二、三外，其餘日子都要上興趣班，包括手鈴、童軍、二胡等等。而女兒一諾的時間表就更誇張，只有星期六不須上興趣班，其餘日子課後都沒有空餘時間，要參加體操、足球、女童軍等等。

Cindy 解釋，這些興趣班都是經與子女商量後參加，而有些則是被老師選中而去。Cindy 選擇興趣班的原則，都以音樂和運動為主，讓小朋友陶冶性情及增加跑動。不過，原來女兒其實已不想再參加足球班，那 Cindy 為何仍要她繼續呢？Cindy 回答：「她當初說要參加足球班時，我已反覆問了她的意願多遍，但她仍選擇要踢，所以我現在要她堅持至少完成一年才可放棄。」

對此美齡有另一看法：「以前我的兒子也一樣，說要學這樣學那樣，到買齊裝備了就三分鐘熱度放棄。但我是由得他們的，因為時間寶貴，我不願意讓他們在沒興趣的活動上花時間，希望他們在嘗試其他活動中，發掘到自己的真正興趣，就算不上興趣班也無問題，因為休息和自由玩耍的時間是最重要的。」

不同家長對於興趣班，都有不同處理手法，但若交由子女親自去選，他們又會如何選擇？訪問中安排了讓一言一諾自己嘗試編配時間表，看看他們會否和媽媽的編排有不同取向。結果，兒子的選擇和媽媽的有很大分別，差不多全部變成運動，足球、籃球、

羽毛球等等，而星期六和星期日，竟然是買玩具和玩玩具，美齡不禁笑說：「合理！他的心思真細密。」而女兒的選擇則更惹笑，星期一及二是希望是開生日會和朋友會，星期六就去海洋公園，令大家讚賞的是，她安排了星期四作溫習日。

Cindy 見到二人重新填的時間表感到驚喜：「沒想過女兒的時間表竟會出現溫書！但每星期都有生日會和去海洋公園，就有點難度了。」而女兒一諾的星期五，其實填了休息，也證明了她覺得現在的生活疲累。

至於兒子一言的時間表，明顯可看出他渴望運動。Cindy 解釋：
「可能兒子今年剛轉時間表，還未適應。」訪問當天，美齡帶了一
言和一諾到公園玩耍，一言玩得不亦樂乎，並說：「這是 2018 年
第一次到公園！」Cindy 指其實自己也同意小朋友需有時間「放
電」，以往一直也有帶他們到公園遊玩，但新時間表實在太緊湊，
希望未來能盡量安排。

美齡建議：「其實每天放學後帶他們到公園玩耍十五至二十分鐘，
是絕對不會影響當天的日程。但這二十分鐘對子女來說卻是天
堂，玩過後做功課也能更集中。很多父母總覺得自己的決定對子
女最好，但其實要多與子女溝通，育兒上多作嘗試，才能平衡父

母想教到的事與子女的需求。如溝通不足，子女便會失去這快樂的空間。為了孩子的成長，自由玩耍的時間是不可或缺的。」

難關過後

最後美齡總結：「其實照顧子女的方法沒有對與錯，只有適合與不適合子女本身。」現在一言一諾皆非常活潑乖巧，吃晚飯時更突然背誦起李紳的《憫農》，高叫「粒粒皆辛苦」，相當可愛。Cindy 寄語兒子：「經歷過大病後，希望他能成為懂得感恩的人。」美齡希望 Cindy 的經歷可鼓勵其他家長，即使小朋友患過大病都無須擔心，只要悉心照料，孩子仍能健康快樂地茁壯成長。

美齡心聲

Cindy 是一位十分謹慎的媽媽，可能因為孩子小時候得了急症，還住了幾天醫院，差點失去生命，所以 Cindy 覺得保護孩子是她最大的責任。她好像一位守護天使，覺得絕對不能令孩子有危險或有壞的影響。所以她為孩子編排的每一天都是緊湊的、有目的的，和有益的活動。

食物上，她也會用最大的心機去選擇安全的食材，精心炮製，並通過便當把信息傳達給孩子們等等，這都是希望孩子能得到一個安全的、正面的童年。Cindy 不單為自己的孩子們忙碌，也為學校做義務工作，希望改善學生的午餐。這位守護天使，每天為人東奔西跑，毫無怨言。

一言和一諾受守護天使媽媽的保護，健康成長。他們每一天都是充實的，沒有浪費時間，行程排得滿滿。不單是這樣，每天甚麼時候起床、換衣服、吃早餐、上學、課外活

重要的不是提供健康和有益的食物和活動，而是每天和孩子一起吃飯、學習和玩耍。最理想的是每日有不同的驚喜和新挑戰，這樣孩子會學到隨機應變，成為頭腦靈活的年輕人，父母也可以和孩子們一起成長。

Cindy 這位守護天使媽媽，給孩子們安全感和有規律的生活，令他們安心成長。從現在開始，可以跳出「舒適區」，讓孩子帶父母去看更廣闊的世界。因為其實孩子才是領導人，他們會帶領我們走向未來。我看一言和一諾一定會給 Cindy 很多驚喜，因為有很多幸福的種子，等著他們去散播。

動、吃茶點、做功課、洗澡、睡覺都是有規律的。因此當我帶他們到公園自由玩耍時，他們簡直是高興到差點瘋了，和我捉迷藏，跑來跑去，笑在一團！「我今年沒有到過公園玩！」

我們請他們自由製作時間表時，發覺和媽媽編排的有很大分別。他們需要空間去玩，去運動，去消化知識。育兒過程之中，一點意外可以致命，所以 Cindy 特別小心，這點我十分明白。但我們不是萬能的，不可能百分之百保護到子女，而且沒有一個父母是完全正確的。所以我們需要給孩子空間，和孩子商量，一起度過多點沒有計劃的時間。最

壽司蛋糕

材料

日本米	3 杯
鮮冬菇	3 隻
雞蛋	2 隻
蓮藕	1/2 條
蝦	200 克
三文魚籽	1 湯匙
荷蘭豆	50 克
蘆筍	50 克
粉紅色魚粉	1 茶匙
白醋	2 湯匙
糖	1/2 湯匙
鹽	3/4 茶匙
豉油	1 茶匙

做法

1. 打勻蛋漿，煎熟後切絲；
2. 用豉油、糖醃冬菇，然後把冬菇燜熟切片；
3. 荷蘭豆、蘆筍落少許鹽，焓至稍熟後切粒；
4. 蝦焓熟，去殼；
5. 日本米煲熟，用白醋、糖、鹽拌勻，用扇子把飯煽涼；
6. 用圓形蛋糕模，先鋪一層飯，之後鋪上冬菇、荷蘭豆、蘆筍、蛋絲，如是者鋪兩層，之後在頂層飯面鋪上粉紅色魚粉，最後鋪上餘下材料裝飾。

士多啤梨湯

<table>
<tr><td rowspan="5">材料</td><td>士多啤梨</td><td>2 杯</td></tr>
<tr><td>橙汁</td><td>1 杯</td></tr>
<tr><td>雲呢拿乳酪</td><td>1 杯</td></tr>
<tr><td>雲呢拿油</td><td>2-3 滴</td></tr>
<tr><td>薄荷葉</td><td>2 片</td></tr>
</table>

做法

1. 所有材料倒入攪拌機攪勻，倒出後放上兩片薄荷葉裝飾。

媽媽的
承諾

Tiger 和父母是一個團隊，齊心合力，
不會對病魔屈服。他的勇氣給我很大的鼓舞，
令我覺得自己也不可隨便埋怨或放棄。
多謝你 Tiger，世界是更美好，因為有你。

——美齡

琛比
&
Tiger

八分鐘有多久？原來對於患食物敏感的小朋友來說，八分鐘是足以致命的時間。今次的主角兒子 Tiger 患有嚴重的食物敏感，莫說是零食，普通如雞蛋、魚、白飯，都會引發過敏反應，情況嚴重起來，甚至會有生命危險。媽媽琛比二十四小時候命，萬一 Tiger 病發，無論如何她都會八分鐘內趕到，對兒子許下八分鐘的承諾。

Tiger 現在六歲，讀一年級。在他一歲多的時候，無意中握破了一隻雞蛋，蛋汁流落右手後，整隻右手竟然腫起，但琛比以為是生奶癬，便沒有理會。Tiger 亦試過在茶樓吃鯪魚球，嘴唇和眼睛又突然腫起，並開始嘔吐。

琛比憶述過往情景:「其實當時已經有好多次提示,但因缺乏知識,故一直以為是其他普通病,沒想過是食物敏感。直到一次嫲嫲見 Tiger 的眼睛發藍,於是拿雞蛋熱敷驅風,怎料令他的雙眼嚴重紅腫,開頭以為是雞蛋太熱,但慢慢眼腫得只剩下一線,最後唯有送他入院。」

醫生懷疑他患有食物敏感,一測試果然發現情況嚴重,「食物過敏分為六級,Tiger 二至六級都不可以吃,他嚴重過敏的食物有蛋白、花生、牛奶,其中魚最嚴重,超過 100% 敏感。他連奶粉都不可以吃,每次飲奶粉都會嘔吐,嘔到全身發紅,出疹,連鼻孔都會噴奶,故幼兒時只能餵他吃人奶。」

由於食物敏感的關係,Tiger 體重嚴重過輕,長期處於生長線最瘦的 15%。琛比説:「他是有胃口的,但身體吸收差,而且食物種類太少。平時營養師都笑言,通常只有過胖的小朋友,很少見有過瘦的。」

琛比坦言,照顧 Tiger 初期困難重重:「我不是專業的醫療人員,但有些食物連醫生、營養師都不敢肯定他可否吃。我自己每天要研究很多資料,鼓起勇氣逐少給他嘗試各種食物。試過有次 Tiger 在街上吃到只有手指頭般大的芝士蛋糕,又馬上噴射式地嘔吐,頭變紅腫,最終送院收場。」

「你的分別在外表，別人的分別在內心。」

除了嚴重的食物過敏，Tiger 也患有濕疹，小朋友忍不住搔癢，導致傷口感染，身上總是傷痕纍纍。他全身包紮了十多個傷口，十隻手指頭都用膠布包住，影響了 Tiger 在學校的社交。

讀幼稚園時，同學都不願跟他玩，他用過的東西，別人也不想碰。童言無忌，他更被人喚作怪物。然而，面對兒子被欺凌，琛比仍然保持著樂觀心態：「換個概念去想，我自己其實多了很多教育他的機會。可能有人長大後才接觸到欺凌，但他小時候已學懂如何處理。我對他說，其實別人只是對你的病沒有認識，才以為你會傳染給他，那你就要學懂做一個有智慧的人。每個人都不一樣，你的分別在外表，別人的分別在內心。」

琛比正面的教育，令 Tiger 從食物過敏中明白沒有人是完美的，令他比同齡小孩更成熟。看著身上的繃帶，他會自嘲是木乃伊，也笑說手指上的膠布是戒指。而他的自制能力亦遠超同齡小孩，除了不會亂吃零食，也不會嚷著買玩具，打遊戲機時說玩兩局就兩局，分分鐘連大人也做不到。琛比形容 Tiger 的性格比一般小朋友堅強，抗逆能力高，懂得自我安慰，面對失敗很快便可以爬起身。

由於食物敏感嚴重起來會有生命危險，所以醫生為 Tiger 配給了兩支腎上腺素針，俗稱「救命針」。一支由琛比隨身攜帶，另一支則會放在學校。患食物敏感的人一般都連帶有其他敏感，Tiger 也是如此，接觸到某些樹木、泥膠，甚至漂白水都會觸發症狀，試過於幼稚園嗅到濃烈的漂白水味，臉上馬上出疹。

所以琛比對 Tiger 有一個八分鐘的承諾，一定會在 Tiger 八分鐘路程的範圍逗留。如遇上緊急情況，琛比可立即趕去為 Tiger 打針。Tiger 尚在讀幼稚園時，琛比更會在幼稚園附近的公園坐三、四小時，等待 Tiger 放學。

美齡不禁讚嘆：「琛比真的很偉大，為兒子二十四小時候命，而且態度十分正面。」琛比沒有太大反應，彷彿把一切都以平常心對

待：「我相信父母對小朋友的影響是非常大的，如我展露出擔心和負面的情緒，最受影響的一定是 Tiger，所以我都抱著開懷的心。我教 Tiger 要樂觀，不要凡事都追究原因，即使追究自己為何會有病，都改變不了事實，找出解決辦法更重要。」

有限材料煮出無限可能

琛比以前對煮食一竅不通，連即食麵也不會煮，但自發現 Tiger 患食物敏感後，她不單會鑽研各種煮法，更學懂了看食物標籤。琛比表示煮 Tiger 的便當難度很高：「食物種類少，要用有限材料變出無限可能。Tiger 不能吃雞蛋，但他之前說好想吃蛋包飯，於是我便以粟米蓉溝麵粉，扮成煎蛋皮給他吃。」Tiger 平常多吃豬肉，那琛比便花盡心思，每天將豬肉千變萬化，弄成蒸肉餅、煎

肉餅、炸豬柳、豬肉漢堡等等。

Tiger升小一時需要訂飯，但飯單上的食物，Tiger當然無法選擇，琛比見他失落的樣子，馬上說：「不要緊！我們做些更美味的！」然後便開始製作卡通便當。訪問當日，琛比以粟米蓉混白飯，搓成黃色的比卡超飯團，配以炸豬柳和剪腸粉，可愛又美味。

問及Tiger最愛琛比煮甚麼，他如數家珍：「喜歡超夢夢火腿飯、小火龍番茄飯，超級瑪利奧飯團。」原來琛比一年來已做了很多不同款式的卡通便當，令Tiger對吃飯減少抗拒，實在用心良苦。

縱使Tiger的飲食需要特別處理，但琛比仍帶他去過兩次旅行。不過每次外遊，琛比都似帶了一個小廚房，每晚在酒店為Tiger煮好翌日的便當。而從Tiger確診後至四歲前，他都未試過出街吃飯，即使長大後與家人一大圍吃飯，也永遠是自攜飯盒，導致他不懂餐桌禮儀，沒有夾餸的概念，也享受不了一家人吃飯的歡欣氣氛。

美齡建議琛比：「隨著Tiger年紀長大，你們晚飯時不妨煮兩道他能吃的，讓他感受一起吃飯的感覺。也要教他學懂夾餸，學懂在街上如何點菜，使他長大後跟人同桌吃飯時，別人也不會知道他有食物敏感，使他能完全融入群體。」

「另外，你不妨多帶他入廚房，教他照顧自己的飲食。不只是知道敏感的規則，而是自己懂得如何煮適合自己的食物。雖然選擇少，但由於是一起煮，所以他會更享受食物，吃飯時更感恩。」

上天公平，無人完美

現在，Tiger 家有五人同居，除了琛比一家三口，還有祖父祖母。祖父母都同意 Tiger 聰明、成熟，祖父說：「其實 Tiger 也很活躍健談的，腦中充滿鬼主意。跟他乘升降機或坐的士時，他總能跟別人由頭聊到尾。」

美齡認為 Tiger 在充滿愛的環境中成長，三代同堂，雖然大家想法有時會不同，但共同目標都是愛護他。只要處理得好，Tiger 的成長不會因病而受影響。「大家族下的小朋友懂得看人面色，理解能力高，情緒智商高，而且轉數快，懂得分辨甚麼話跟甚麼人說。」

祖父笑說自己與祖母的分工：「我是負責縱的，而祖母就負責罵。所以 Tiger 知道想玩耍就找我，要吃飯就找祖母。成長最重要開心，但有錯就要罵，不能『冇王管』，中國人最重要有家教，不然多富貴都是徒然。」每當祖母談及 Tiger 的情況，總不禁感觸落淚，她說：「上天是公平的，有得有失，要不是他有這種病，也未必像現在生性，慶幸最辛苦的時間已經過去了。」

琛比坦言，初期自己缺乏有關知識，甚至連醫生也不能給予肯定的答案，夜晚看著 Tiger 不消腫的辛苦模樣，她感到無能為力，十

分徬徨。為了照顧 Tiger，琛比成為全職母親，家人就在外工作負擔經濟，家中瑣碎事、生活細節也是家人協助處理，她衷心感激他們的支持。

現在 Tiger 除了飲食外，跟一般小朋友無異，也會上興趣班。其中最特別的是他竟然會學法文，「因為法文的發音動聽！」Tiger 說。琛比見 Tiger 的中文不好，曾叫他去學普通話，可他卻覺得普通話發音難聽，不肯學，不過既然他的英文和法文都不錯，琛比也再沒有強迫他。琛比贊同 Tiger 學校實行的全人教育，功課都在

校內完成，回家後輕鬆空閒，平時 Tiger 喜歡打網球、砌積木，少有讀書壓力。

將弱點轉換成優點，是最好的人生觀

「Tiger 未出世時，我預期自己會是個開放的媽媽，只要兒子想試，我就會放他去試。但現在的情況正正相反，簡單到如吃雞蛋，我已不能讓他試，令他的童年出現很多『不准』。」琛比婉惜地說。

美齡覺得琛比已經盡了一百二十分的努力：「當我和 Tiger 在公園玩耍時，我問他喜歡媽媽嗎？他說超超超超超喜歡你的！即使 Tiger 很容易遇上危險，但你仍用微笑面對，把一切困難當成學習、挑戰，這非常值得讚揚和尊敬。Tiger 說長大後希望成為科學家，研究濕疹藥，醫好自己也可以幫助別人，我感動到起雞皮疙瘩。」

琛比期望兒子：「希望將來他可做到自己想做的事，不會被先天問題影響到。」美齡續說：「Tiger 明白自己的狀況，正因為他有這個弱點，所以他希望成為醫生，幫助患濕疹的人。將弱點轉換成優點，這是最好的人生觀。六歲已經那麼懂事，正面接受挑戰，是父母的功勞，希望你能鼓勵他拯救世界。」

最後美齡補充：「食物敏感令他的限制多了，也很影響他怎樣看自己，愈大會愈關注別人目光，要給予更多支持，不然到中學時他

會很難捱。人慢慢長大，多教他生活上的小貼士，等他在社會上沒有自卑感，生活得更快樂。父母不能照顧得太久，要讓他管理好自己的人生。」

好孩子就是最佳報答

問到 Tiger 如何報答琛比，他説：「用心學習，做好功課，飲光整支水，吃光便當⋯⋯」在 Tiger 眼中，做一個好孩子，就是表達愛意的最佳方法，簡單但甜蜜。他還為琛比寫了一張感謝卡：「Mama 你對我有八分鐘的承諾，So I will make you a promise too, I love you forever.」因為有困難，所以家人的關係更加密切，愛也更深。這樣可愛的孩子，哪裡找得到？

美齡心聲

Tiger 是一個堅強、勇敢、善良、聰明,和實在太可愛的孩子。我想擁著他,告訴他我是多麼的喜歡他、尊敬他和珍惜他。他真的太有型,太棒了。在他的身邊,我的心是熱的,有點透不過氣,好像是 fall in love 的感覺。他是一個有重度敏感的小孩子,雖然只有六歲,但他的智慧和同理心遠超很多大人,是一個小巨人。

Tiger 的媽媽琛比,臉上永遠掛著笑容,好像沒有憂慮的樣子。我相信她的笑容一方面是為了鼓勵 Tiger,也是在鼓勵自己。她和 Tiger 體驗過的各種挑戰,是我們難以想

像的，而且挑戰不會完結，可能一生都要面對。正因如此，琛比的笑容和 Tiger 的正能量才那麼感動人。

雖然 Tiger 有很多食物不能吃，只要吃錯一點東西，就會有生命危險；他也受過同學欺凌，還因為濕疹，手腳都有傷痕。但他見到我們的時候，眼睛亮起來，對我們十分好奇，百分百願意和我們做朋友。

我和他在公園玩得樂不可支，坐下來，問他長大後希望做甚麼。他看著我，用一副「你真的還要問嗎」的表情說：「當然是做研究來救像我一樣的小孩啦！」我聽了心一緊，差不多哭了。六歲的他，太懂事了！我把這段對白告訴琛比時，她也眼濕濕，一面微笑，一面哭。

過了幾天，我教 Tiger 為媽媽做驚喜便當，他開心得很，和我們一起煮。雖然我們已經很小心，但也不清楚究竟他吃了便當後，會否有敏感反應。他和媽媽一起坐下，勇敢的嘗試了一口，不久就開始咳嗽，而且流眼淚，當時我的心差不多停了下來！

我知道他像一個勇敢的騎士，希望使大家快樂，所以勉強和我們一起吃便當，但他的身體卻不能接受。當時我難受到不得了，真的希望有魔法可以幫他把敏感趕走。琛比說 Tiger 的情況已好了很多，而且他也會小心照顧自己。他的人生是不容易的，但我深信他一定有勇氣去完成夢想，我欣賞他的人。

像他一樣有個性和魅力的孩子真的很少碰到，這是琛比夫婦養育的成果。首先，琛比是完全沒有抱怨的人，無論甚麼狀況都甘心接受。他們也不會低估 Tiger 的理解力，讓 Tiger 明白自己的病情，一起去面對困難。他們給 Tiger 的信賴，培養 Tiger 成為一個有自信和責任感的人。父母的教育方式，真的可以影響兒女的一生。

Tiger 和父母是一個團隊，齊心合力，不會對病魔屈服。他的勇氣給我很大的鼓舞，令我覺得自己也不可隨便埋怨或放棄。多謝你 Tiger，世界是更美好，因為有你。

日本米酒燜排骨

材料

排骨	600 克
鎮江醋	3 湯匙
日本米酒	3 湯匙
豉油	3 湯匙
楓糖漿	30 克

做法

1. 用鹽及胡椒粉醃好排骨；
2. 將排骨煎香，加醋、豉油、米酒及 100 毫升水，燜至接近水乾，再加 100 毫升水；再接近水乾時再加 100 毫升水；
3. 至第三次接近水乾時加楓糖漿，並以煲內的油份炸香排骨，即成。

番茄豬肉飯

材料

番茄	3 個
豬肉	200 克
白飯	1 碗

做法

1. 豬肉切片，以鹽、胡椒粉、豉油、生粉及油醃好；
2. 番茄切件；
3. 炒香豬肉，放番茄後繼續炒，以豉油及糖調味，取起並伴以白飯即成。

港媽的
便當外交

Candace 是一位有魅力的女士，對人對事充滿好奇心，性格爽快，也非常漂亮年輕，
和她的女兒好像三姊妹，正在一起尋找幸福的道路。希望她們商商量量，
利用她們的智慧，找到最美麗的未來。

——美齡

Candance

&

Rin & Mimi

Candace 的丈夫是日本人，結婚已經十四年，誕下兩名女兒，分別是十三歲的姊姊 Rin 和九歲妹妹 Mimi。日本男人出名「大男人」，婚後 Candace 發覺丈夫甚麼家務也不肯做，連一般家居維修也不懂，家頭細務通通由 Candace 一手包辦。而香港女性亦天生強悍，結婚初期二人經常吵架，猶如「火星撞地球」，激動到連鄰居都不禁拍門詢問。但隨年齡增長，兩人火氣漸消，經過十四年的磨合後已相安無事。

美齡笑言自己也是嫁給日本人，但已訓練到丈夫煮飯打掃通通都做，令 Candace 一臉驚訝與羨慕。美齡問她會否想搬到日本定居，她搖頭：「我接受不了日本文化，規矩繁多，只是垃圾分類已經吃不消。」

Candace 果然充滿香港女性的率真，她説：「傳統日本父親會決定好子女將來的路，很著重子承父業。如家族是當醫生的，兒子也必須當醫生。但我認為女兒想做甚麼就做甚麼，不須強迫。」

Candace 的丈夫認為小朋友年紀小，不知道自己意願，所以要給予他們目標去追求：「他覺得女兒既然是混血，就認定大女可以從事較國際性的工作，如聯合國組職；而幼女則繼承自己的公司。他經常向她倆洗腦，我並不完全同意。」

長女 Rin 四年前因喜歡 Taylor Swift 而想學電子結他，惟丈夫強烈反對，認為玩搖滾的人只有「Drugs 和 Casual sex」。然而 Candace 不理，待丈夫到日本公幹時，便為長女購買電結他和找導師，自己也一起學習，更故意傳圖片給丈夫，寫著：「We started！」倔強得可愛。現在 Rin 已學了四年，最近丈夫亦軟化，竟學起木結他來，希望與女兒合奏。

美齡説，由於她早知與丈夫之間會有中日文化分歧，故於婚前已討論好育兒方針。她指出，如兩夫婦在育兒方面出現意見分歧，不妨與小朋友一同討論，不只由家長去決定，而是小朋友都可為自己發聲。在學結他這件事中，父母可分別向女兒説出自己的論點，女兒則要説服爸爸，承諾自己不會因玩音樂而學壞，而爸爸亦應聆聽其聲音。

Candace 不贊成小朋友上太多興趣班，要真心喜歡才學，否則只會樣樣「半桶水，無樣精」，而且需給予女兒自由玩樂的時間。長

女 Rin 於幼稚園時開始學習芭蕾舞，起初純粹是為了芭蕾舞的美麗。到四、五年級時，由於難度漸高，Rin 萌生放棄念頭。當時 Candace 問她：「你是不再喜歡芭蕾舞，還是純粹因為辛苦而想放棄？」Rin 回答是後者，那 Candace 便鼓勵她：「如果你是喜歡芭蕾舞，便應克服困難。」Rin 最終果真堅持下去，克服困難後至今仍在跳。

美齡欣賞她的處理手法：「不喜歡但堅持做，或喜歡但輕易放棄，兩樣皆不好，最重要是與子女溝通清楚。」對於上興趣班，美齡不贊同甚麼都學，而是找到適合的才投資時間金錢。就似吃飯，我們也需時間消化，學太多只會令孩子消化不了，連學業成績都會受影響。

眼見身邊個個小朋友都上興趣班，原來不上反而會令小朋友感到被孤立，Candace 續說：「幼女 Mimi 經常約不到同學玩耍，因同學們星期六、日都塞滿興趣班，她問我：『我這樣空閒是否我有問題？』我解釋是因為我希望她們有玩耍、看電視等放空腦袋的時間。」

便當外交

Candace 小時候由外婆照顧，即使現在與外婆出街也會牽著她的手，但與媽媽則不會，她不想女兒與自己也有這樣的疏離感，便親自當上全職媽媽。Candace 小時候家裡有六、七個人同住，為幫輕外婆，她自四、五年級起便開始幫忙煮飯，練得一身好手藝。

Candace 一直有為長女製作便當，但初時對便當的外表卻沒有深究。她開始做公仔便當的緣起，是因為長女 Rin 小二時轉校，當時同學們都已經互相認識，她難以融入圈子，無論午餐或小息都孤單一人。Candace 感到心痛，希望令女兒開心，於是有日便偷偷製作了公仔便當。

怎料，當日 Rin 放學一下校巴便欣喜若狂：「媽媽你今天做了熊啤啤便當給我？個個同學都走來圍觀，你可以多做些公仔便當嗎？」Candace 忽爾發現，原來便當可令女兒認識朋友，帶著破冰的作用，她稱之為「便當外交」。

「幾天後，女兒已認識到朋友，我試過偷懶做回簡單的意粉便當，怎料同學們竟馬上問：『你媽媽是不是生病了？』我哭笑不得，原

來藉著便當，連其他同學也似認識了我一樣，會關心我，於是我也不敢怠慢，自此一直製作公仔便當。」

起初製作公仔便當時，Candace 每日均要上網找資料，研究製作方法。她的便當靈感都來自小朋友喜歡的卡通，最複雜的一次，試過做「美少女戰士」的便當。「便當是我的畫布。」Candace 說：「一開始做公仔便當是希望令女兒開心，但慢慢地發現自己原來喜歡創作，專注地完成一個便當後會有極大的成功感，更覺得其實便當也是一門藝術，於是一做就做了七年。」

「其他同學的母親，有時也會詢問我是在哪裡學的，因為他們的子女都想吃。我認為這就像一場運動。現今的母親多數要上班，孩子們其實都明白，工人或老人家並不會如此花心機。於是母親們上班做不到，但放假都希望做給子女，表達自己的愛意，促進了親情。」

美齡認為，其實關懷的方法有許多，其他家長可這樣告訴子女：「Candace 媽媽用了便當的方法表達愛，但自己需上班做不到，那我就每晚說故事，或放假一起去旅行等等。每個家庭傳達親情的方法也不同，無須羨慕人家。」

「收兵」育女法

訪問當日，姊姊 Rin 有點害羞，開頭一度迴避鏡頭，連聲叫尷尬。但妹妹 Mimi 則陽光開朗，更對著鏡頭高呼：「我好靚呀！」

美齡留意到姊姊的房間較凌亂，而妹妹的房間則較整齊，Candace 表示已跟 Rin 說了很多次，但她仍不肯收拾。面對小朋友的壞習慣，美齡的貼士是：「改善小朋友的壞習慣要用鼓勵，因為每個小朋友都有一種期待心理，希望大人們注意她。如小朋友見自己做了或不做某件事，能引起父母關注，他便會繼續下去。」

美齡以往事作例：「以前我的母親無暇理我，但後來我發現如果自己不清潔，她就會捉我去洗澡，於是我便刻意不洗澡，弄髒自己，讓她多關注我。所以如果你想小孩子做某些事，你可多讚賞，鼓勵他們去做；如果你不希望他們做的，不要每次必定責罵；有一點改善，要立刻關注。那麼，他們慢慢便會轉變成只做你想他們做的事了。」

現在 Rin 已經十三歲，踏入青春期，美齡問 Candace 關於女兒戀愛的看法，Candace 答：「我是持放開態度的，一直灌輸她可以交男朋友，要不然她拍拖也不會跟我說。但我會叫她可以先認識多幾個男性朋友，不要太早投入一個人，開闊眼界後才慢慢選擇。因她讀女校，少接觸男生，我怕她一有男生追求就失魂。」

Candace 笑言這教育法有點像「收兵」，美齡覺得這可能是她出於保護女兒的對策。美齡是十分鼓勵青少年談戀愛的，她認為戀愛是自然不過的事，當中的甜酸苦辣也是人生中的美好經歷，也不代表談戀愛就一定荒廢學業，但她補充：「年輕人要知道每段感情都有責任，不要玩弄別人，也不要被人玩弄，要珍惜別人的付出。」

美齡建議，如擔心女兒認識不好的朋友，不妨叫女兒多帶朋友回家玩耍，試試自己做點食物、飲品，招待同學們來開派對之類，從小觀察子女的朋友。美齡自己也是這樣培育兒子的，所以她都認識兒子的朋友，因此當兒子交了女朋友時，他們亦自然會帶回家介紹給美齡認識。

父母總想像子女的未來

問到 Candace 的育兒心得，她說：「今時今日跟以前不同，以前父母都會下一些絕對的命令，但現在要跟女兒商量，投其所好，互相溝通。我以前喜歡聽 Twins，但媽媽會馬上改播徐小鳳。現在我會陪女兒一起聽 One Direction、Ed Sheeran，不能讓他們覺得自己老土，不然他們就不會再與我分享。」美齡慨嘆：「父母總是想像未來二十年後，子女會成為一個怎樣的大人。現今社會轉變快，年輕父母要跟上現時的世界，又要跟上小孩子的世界，負擔極大。」

Candace 負擔雖大，不過成果同樣有目共睹。她憶述女兒為她做過最甜蜜的事：「之前我埋頭苦幹，出版一本關於便當的書，Rin 見我太忙，竟主動買餸煮飯，煮了 Risotto 給我！」原來「便當外交」不止限於女兒與朋友，女兒也同樣可藉著食物去傳達愛意。

Candace 的便當外交不但成功聯繫了女兒的心，幫助她在學校建立友誼，自己也因而成為網絡紅人。由此可見，只要用心去做一件事，就可以得到意想不到的回報。

美齡心聲

Candace 是一位有魅力的女士，對人對事充滿好奇心，性格爽快，也非常漂亮年輕，和她的女兒好像三姊妹。為甚麼 Candace 那麼吸引人呢？就是因為她不掩飾自己的脆弱，讓人感覺到她有很多可能性，好像一個一直尋找自己的少女。這就是 Candace 成為網上紅人的其中一個大因素。

Candace 的家收拾得整齊得體，兩位女兒 Rin 和 Mimi 非常國際化，英文也說得非常好。Candace 的丈夫是日本人，她坦誠說自己並不是日本的粉絲，也曾感受過跨國婚姻的壓力。在偶然的機會下，Candace 為了轉校的大女兒 Rin 能在陌生環境中交到朋友，做了卡通便當。那個便當大受好評，可以說改變了她和 Rin 的人生。Rin 既交到朋友，Candace 也尋找到自己的興趣，就是做藝術便當。Candace 很有審美眼光，做的便當非常可愛，她把便當的照片放到網上，得到廣大迴響，成為網上紅人。現在除了

是媽媽，還多了一個 influencer 的身份。

Rin 和 Mimi 性格完全不同，一個內向，一個外向。因為她們不說中文，令我有一種好像和外國小朋友相處的感覺。但 Candace 是地道的「港女」，會講最新的廣東潮語，和她們三人在一起，令我有些身份混亂。

其實這也是 Candace 作為一個媽媽需要面對的問題。她究竟有沒有和 Rin 及 Mimi 深深討論過她們的身份，我不知道。她們一半是日本人，一半是中國人。我也是和日本人結婚的，所以我的三個孩子也有這個問題，因此我從孩子小時候就積極和他們討論中日關係，希望他們到青春期時，不會迷惘或失落。

我蓄意訓練孩子們說日語、英語和普通話，也教他們中日歷史和文化。他們明白中日歷史中有戰爭的痕跡，對中日混血兒來說，是不容易解決的身份問題。我們家裡會慶祝所有中國和日本傳統節日，好使孩子們明白要尊重爸爸和媽媽的國家，也可享受兩種文化的優點。我時常對他們說：「你們有兩種血統，是雙重身份，很幸運呀！」我鼓勵他們去尋找和接受自己。我覺得 Candace 還未有和她的女兒徹底討論這個問題，很快 Rin 會進入青春期，面對人生的第一次身份危機，希望 Candace 能及時幫她理解和接受自己。

也可能 Candace 還在摸索自己的人生，所以只是希望女兒成為國際化的年輕人，讓她們長大成人之後，慢慢自己尋找答案。無論如何，在人生中，女兒一定會碰到難以解答或尷尬的問題，希望她們不會受太大打擊，而能確保自己的身份認同。

三母女猶如姐妹，正在一起尋找幸福的道路。希望她們商商量量，利用她們的智慧，找到最美麗的未來。

羊排生菜包

材料

玻璃生菜	1 個
羊排	2 塊
三色椒	各 1/2 個
白色蘑菇	100 克
松子仁	2 茶匙
新鮮迷迭香	50 克
黑椒	2 茶匙
鹽	2 茶匙
生抽	1 茶匙
辣椒粉	配合個人口味適量

做法

1. 羊排用迷迭香、鹽、黑胡椒、豉油醃一晚;

2. 燒熱鑊,把羊排煎至三成熟,切成顆粒;

3. 三色椒切粒,蘑菇切片炒香;

4. 生菜逐片分開,用以盛載炒好的蔬菜和羊排粒,最後撒上松子仁。

蔬菜花球禮盒

材料

紅菜頭	1/2 個
西蘭花	1 個
紅蘿蔔	1/2 個
乳酪	2 湯匙
牛油果	1 個
鹽	1/4 茶匙
酸青瓜切碎	1 湯匙

做法

1. 西蘭花切細，焓至脆身；
2. 紅蘿蔔切成薄片，在半徑處切一刀，重疊切口呈圓錐體狀，牙籤插於重疊位置近圓心處，
   重複步驟加上幾片，最後用剩餘的蘿蔔切一小顆粒插在牙籤頂；
3. 紅菜頭可作與上同樣處理；
4. 西蘭花放於盒底，蘿蔔與紅菜頭花插在其中；
5. 乳酪、牛油果蓉、酸青瓜，加少許鹽攪勻成沾醬。

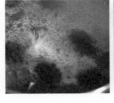   

EPISODE ——————— .14

父母的祈禱

蘭姐的一家，令接觸到他們的人，
感到世界上還有人是可以信任的、善良的。對的，
他們給我們希望，相信好心會有好報，
世界上真的有奇蹟的存在。

——美齡

蘭姐
&
Chester & Chris

十八年前，蘭姐的長子 Chester 三歲，而她肚裡懷著的幼子 Chris 剛過二十三週。以為一切安好之際，怎料醫生卻突然說需要提早分娩。由於在法律上來說，二十四週的嬰兒才算是一個生命，因此當時醫生要蘭姐和丈夫溫生作出抉擇：「你們會否保留這個嬰兒？」

溫生談起這段永不磨滅的回憶：「如果選擇不要，嬰兒一出世就會用毛巾包住⋯⋯如果選擇要，醫生就會盡力搶救。當時醫生有向我們說明，他將來可能面對的問題。數據指出這麼早產的嬰兒，三個之中會有一個出不到院。能出院的三分一會有輕微後遺症，三分一會有嚴重後遺症，只有三分一是正常⋯⋯」不過，溫生深刻記得當時情景，他與蘭姐心有靈犀互望一眼，然後二話不說齊聲道：「救！」

美齡聽得心酸：「很困難的決定，但父母怎會不救！」溫生回想那一刻的抉擇雖是痛苦，但滿懷決心。蘭姐語氣仍似當日堅定：「我對醫生說，總之他有一口氣都要救，我照顧到他一天就一天。醫生說他有可能一輩子都要拖住氧氣樽出街，但我說不怕，那我就一輩子都牽住他的手。」

蘭姐一邊訴說，眼淚不禁徐徐流下：「那時我摸著自己的肚子說：『兒子你要堅強些，我仍相信你能來到世上的。只要我一息尚存，我都會養大你。』」不知 Chris 是否聽到這句話，他出世的時候，手裡緊握拳頭，像在為蘭姐打氣。

結果 Chris 成功出世，但挑戰尚未結束，距離平安仍有一大段距

離。Chris 出世時只有零點六九公斤,「就像青蛙一樣大。」溫生
說。出世後 Chris 必須在醫院住到足月,待其呼吸系統、消化系
統等身體機能完全正常才可出院。溫生憶述:「那時他接駁著很多
插管,就像機械人一樣。每天望住他,自己都眼泛淚光,十分心
痛。每次去到嬰兒房時,都很擔心他的保溫箱會否空了。所以每
次見到他還在箱內,就已經很開心。」

溫生說 Chris 出世後一張相片都沒拍過:「當時怕今日見到他,但
不知明天可否尚會見到。擔心他萬一出不到院,我們也不想留低

回憶，免得日後望見傷心。但現在他成長得這麼好，我們才後悔沒拍照。」溫生終於展露微笑。

「無論如何，我都要照顧好你。」

足月後，Chris 終於順利出院，但難關馬上接踵而來。由於 Chris 在住院時一直依靠喉管進食，因此他不習慣吞嚥，出院後飲奶容易嘔吐。蘭姐說：「他吃八餐就嘔八餐，我要幫他清理、洗澡、更衣，之後又要再餵過。我見到他嘔吐時全身發紅，鼻涕流入口內，常常擔心他會窒息，自己也天天哭八次。但他反而沒有哭過，只『眼仔睩睩』地望著我，十分堅強。」蘭姐把 Chris 微笑的照片貼在牆上，每當她失落時就望一眼，就是相中的笑容一直支撐著蘭姐。她當時心想：「無論如何，我都要照顧好你。」

然而，照顧 Chris 實在太辛苦，導致蘭姐自己也患上產後抑鬱。當時醫生叫蘭姐吃藥控制情況，但蘭姐甚麼都以兒子放第一位，她反問：「藥物有副作用，萬一我將來發生甚麼事，還怎能照顧兩兄弟？」於是醫生建議她去跑步減壓。幸好因禍得福，這慢慢變成她的好習慣，至今她每天清晨仍會跑步。

Chris 出院後，蘭姐一直帶他到早產健康中心做訓練，希望他三歲時能追上同齡小朋友的身高、體重、活動能力、智能發展等。蘭姐付出無限的時間心血，悉心照料，皇天不負有心人，Chris 於兩歲半時終於收到醫生報告，指他已經追到同齡程度。兩夫妻頓時欣喜若狂，美齡聽到這裡也不禁鼓掌歡呼。

當母愛發揮起來時，即使天跌下來都可為子女撐住，蘭姐道：「我
也説不出當時的原動力，或者就是他在我肚子內的互動，那種懷
胎十月的感覺。那時我沒有計過自己一日睡多久，只要兒子需要
我，我就十分精神，亦很少病，現在回想，感覺很神奇。」

醫生説，Chris 的出生和成長是一個奇蹟。蘭姐與溫生做決定時
的堅定心態，是一個榜樣，告訴同類型父母，早產亦曾出現過成
功、健康的例子，希望他們不要灰心，故現在 Chris 的名字在醫院
也頗具名氣。

到 Chris 升小學後，他仍不太懂咀嚼，只會吞嚥，但經常反胃嘔

吐，導致他不喜愛吃東西。所以他的便當，蘭姐都以健康、易吃為宗旨。她說：「他不肯吃就唯有自己動腦筋想方法，他小時候我會將魚拆肉去骨，攪碎後煲粥放入奶樽餵他吃。我盡量將食物做得軟腍些，希望他食得幾多得幾多。」那時蘭姐每餐都要為他準備兩份，第一份是預備給他嘔吐的，第二份才是正餐。蘭姐坦言每天都是戰場，直至小四，Chris 的消化系統才正常少許。

「試過小學時 Chris 不想吃東西，於是把便當倒進廁所，他回家後會誠實告訴我的。但學校卻打電話來，以為我虐待他。我沒有憤怒，只有心痛，怕他不夠飽。我說不要緊，媽媽明天再煮一些更有營養的食物給你。」聽著蘭姐的話，無人不被動容。原來進食那麼簡單的事，已經是一種恩賜。

幼稚園廚師的餐單

時光飛逝，把最辛苦的日子都沖走，兩名兒子漸漸健康地長大成人。Chris 已經十八歲，在青年學院修讀電腦，長子 Chester 則二十一歲，在香港大學讀醫學工程。兩兄弟都過了反叛期，感情不錯，二人均開朗健談。弟弟的身形瘦削，哥哥則長得健碩，Chester 自嘲：「看我的身形，就知我從小到大都幫 Chris 吃不完的飯『執手尾』！」

蘭姐在幼稚園裡當廚師多年，每天製作近五百份便當。以往她在幼稚園見到餐單多菜少肉，少鹽少糖，才知小朋友的健康飲食規則。有時她學了營養師所定的餐單，回家把當中的做法融入便

當。其中一道哥哥 Chester 的最愛，是以蘋果蓉取代糖粉的番茄肉醬意粉。美齡吃過後大讚健康好味，酸酸甜甜，小朋友必會喜歡。

成年後，父母應擁護子女的決定

問到蘭姐對兩兄弟的期望，她說：「沒甚麼期望，不行差踏錯就可以了，也沒想過做哪種職業，最重要自己喜歡，能自力更生。」小時候，蘭姐與溫生要面對的是 Chris 的健康問題，但到他們長大後，就變成要面對兩兄弟的成長問題。

原來兩兄弟皆是極具主見的人，竟都試過退學另覓出路。哥哥

Chester 於考完 DSE 後曾入讀城市大學，但後來認為學科不適合，且心有不甘，自信可更上一層樓，故偷偷退學，欲自修重考 DSE，但又怕父母反對，故瞞著他們先斬後奏。

蘭姐得悉後當然又擔心又傷心，不過她說：「我不是怕 Chester 考不到，而是怕若考不到的話，對他打擊太大。」蘭姐愛子之心永遠一百二十分。幸好 Chester 有志者事竟成，最終如願入讀心儀大學與科目。

若有家長也遇到以上問題，美齡建議：「如十八歲以下的青少年，做決定時與父母想法不符，我覺得可阻止他或與他討論。但十八歲後，父母應擁護子女的決定，父母要放手讓他們嘗試，就算失敗都是學習過程。你不讓他做，他只會後悔一世，所以父母只能調整自己心理。我相信就算 Chester 考不到港大，蘭姐與溫生一樣會支持他。」

不要放願望在小朋友身上

弟弟 Chris 中學時亦同樣作過類似的大膽決定，由於他一早自覺不是讀書材料，故於中學時已與父母商討退學，直接入讀青年學

院。因為他自知就算中六去考 DSE，也未必考到五科成績二，但於青年學院畢業後卻有同等學歷。

蘭姐説：「他小時候讀書已經不開心，我們曾迫佢留班，導致有段時間親子關係不好。但後來怕迫得他太緊，若日後出現問題時會更後悔，所以也叫自己放手。」溫生感恩曾作過這決定：「以往 Chris 讀中學時，天天只顧玩遊戲機，甚麼也不幹。但轉讀大專後會自動自覺起床上學、做兼職，人生比之前積極、正面，親子關係也好了，證明當初放手也是成功的。」

美齡點頭支持：「這例子對其他家長來說也是好榜樣，當小朋友爭取到自己的選擇，自己就會希望成功，希望令父母知道其選擇是對的，故此特別努力。每個父母都望子成龍，但一定要記住成功不只一條路，萬人萬道，只要他找到夢想就可以。」

溫生從事影音事業多年，本身想由 Chris 承繼生意。但 Chris 明確表示只會協助，不會當成事業。因為 Chris 熱愛游泳，現在是游泳助教，夢想成為正式游泳教練。溫生亦鼓勵他：「行行出狀元，只要他肯努力便可。如果他將來想回來，我永遠都在。」

美齡再次表示贊同：「這是最好的做法，他會更有勇氣出去闖，因為背後永遠都有避風港。其實做父母，只要子女健康快樂就可，但偏偏都市裡的父母都忘記這一點，隨著子女不斷長大，會想他

們進名校，又想他們多學點東西，之後又希望他們入到大學，充滿各種要求。但其實這些都是父母的願望，不要放願望在小朋友身上，小朋友有自己的夢想，不然會令他們有太多無謂壓力。」

美齡續説：「雖説兒子從肚裡出來，但其實哪有離開過？他們一直在父母心中，永遠分不開。但為了子女，父母要學懂理性。做父母最難就是放手讓子女失敗，總以為自己想的就是最好，但其實有時子女的選擇更精明。父母到某些時候一定要放手，就算子女失敗，他們都是自己選擇的，自己會承受。父母只可支持，不然子女會長不大，父母永不放手，對雙方都不好。」

幸福的奇蹟

溫生是大澳原居民，一家四口現正自行維修祖屋，待蘭姐與溫生退休時可搬回去居住。美齡看著這溫馨幸福的風景説：「你們終於守得雲開見月明，多年來的擔憂辛酸是有成果的。」十八年前，奇蹟降臨到蘭姐一家，十八年後，又有另一些奇蹟等他們一家共同創造。希望各位家長能更珍惜所擁有的一切，因為奇蹟早已出現在每一個家。

蘭姐笑說她是過埠新娘，因為她與溫生一見鍾情的時候，她是生活在內地的。但她決定離開故鄉，到香港嫁給溫生，夫婦到現在還是甜蜜蜜的。

蘭姐不但溫柔覥腆，更有堅強的意志，即使面對人生最大的挑戰時，也是毫不猶豫的去接受和面對：在她懷孕二十三週，要決定是否放棄小生命的時候，她深信孩子一定能得救。結果，Chris 奇蹟的生存了。雖然小時候遇到很多困難，但現在已成長為一個健康的年輕人；大哥 Chester 也沒有妒忌爸媽給小弟的特別照顧，反而長得開朗又慷慨。

蘭姐一談起 Chris 小時候的情況，眼淚就會停不下來。但

每一件辛酸的事，只會增強她對孩子們
的愛心，和感恩之心。到了現在，可以
說是「守得雲開見月明」，一家人過得
十分幸福。蘭姐望著孩子的眼光，就好
像是看著戀人一樣，充滿著愛。孩子們
全身感受到媽媽那無限量的愛，也盡量
回報父母。

他們是一個既傳統但又開通的家庭，可
說是理想的形式。因為溫生是大澳人，
有農地和祖屋，一家人改建屋子，種蔬
菜，享受農村生活，「腳踏實地」的去面
對工作和難關，不逃避，不懈怠，真誠

的對人對事。蘭姐的一家，令接觸到他
們的人，感到世界上還有人是可以信任
的、善良的。對的，他們給我們希望，
相信好心會有好報，世界上真的有奇蹟
的存在。

黃芽白包帶子

つ 材料

黃芽白	3 棵
帶子	10 隻
雞腳	8 隻
雞骨	1 隻
魚子醬	30 克

つ 做法

1. 雞腳、雞骨用三公升水慢火煲三小時,煮成上湯備用;

2. 以上湯浸帶子兩小時;

3. 撈起帶子,加鹽調味,一塊黃芽白包一隻帶子,並以牙籤封口;

4. 淋上雞湯,蒸大約十分鐘;

5. 在每件黃芽白上加少許魚子醬即成。

沖繩苦瓜炒蛋

材料

沖繩苦瓜	1 條
豬肉	150 克
雞蛋	3 隻
日本豉油	1 湯匙
鹽	1/2 茶匙
油	2 湯匙
生粉	1 茶匙
胡椒	1/3 茶匙

做法

1. 苦瓜打斜切片，盡量切薄並切成較大平面，可使苦瓜更脆口及減少苦澀，備用；

2. 將豬肉切片，以日本豉油、鹽、油、生粉、胡椒醃好備用；

3. 打好蛋漿，加鹽調味備用；

4. 先炒香豬肉，取出備用；

5. 炒熟苦瓜後加入豬肉，撥開鑊中心的材料，倒入蛋漿快炒，再加鹽及日本豉油調味，炒勻，趁蛋仍滑身時上碟即成。

責任編輯	寧礎鋒
書籍設計	KHY

書　　名	美齡幸福便當
電視原創	ViuTV
作　　者	陳美齡
故事撰文	羅俊希

出　　版	三聯書店（香港）有限公司 香港北角英皇道四九九號北角工業大廈二十樓 Joint Publishing (H.K.) Co., Ltd. 20/F., North Point Industrial Building, 499 King's Road, North Point, Hong Kong
香港發行	香港聯合書刊物流有限公司 香港新界大埔汀麗路三十六號三字樓
印　　刷	美雅印刷製本有限公司 香港九龍觀塘榮業街六號四樓A室
版　　次	二〇一八年九月香港第一版第一次印刷
規　　格	十六開（167mm × 220mm）二一六面
國際書號	ISBN 978-962-04-4383-1

三聯書店
http://jointpublishing.com

JPBooks.Plus
http://jpbooks.plus